DEUTSCHE KRIEGSSCHIFFE

DAS KAISERLICHE OSTASIENGESCHWADER 1859–1914

Hans Karr

Motor buch Verlag

Einbandgestaltung: Frank Zähringer unter Verwendung folgender Abbildungen:
Buchtitel: Großer Kreuzer »Scharnhorst«.
Buchrückseite: Großer Kreuzer »Fürst Bismarck« (oben). Kleiner Kreuzer »Geier« (unten).

Bildnachweis: Die zur Illustration dieses Buches verwendeten Aufnahmen stammen – wenn nicht anders vermerkt ist – aus dem Archiv des Autors. Besonderer Dank für die Überlassung von weiterem Bildmaterial geht an die Bibliothek für Zeitgeschichte in Stuttgart und an den Deutschen Marinebund in Laboe. Auch allen anderen Bildgebern sei recht herzlich für die Überlassung des Bildmaterials gedankt. Bei einigen Fotos konnten die Inhaber der Bildrechte nicht eindeutig ermittelt werden. Verlag und Autor bitten freundlicherweise um Kontaktaufnahme. Der Leser möge die Bildqualität einiger Abbildungen entschuldigen. Sie ist dem altersbedingten Zustand der Bildvorlagen geschuldet.

ISBN 978-3-613-04421-0

1. Auflage 2021

Sie finden uns im Internet unter www.motorbuch-verlag.de

Lektorat: Joachim Köster
Innengestaltung: WS – WerbeService Linke, 76185 Karlsruhe
Druck und Bindung: Graspo CZ, 76302 Zlin
Printed in Czech Republic

Inhalt

Vorwort

Das vorliegende Buch beschäftigt sich mit den Schiffen der Kaiserlichen Marine, die ab Ende des 19. Jahrhunderts bis zum Beginn des Ersten Weltkriegs im Kolonialdienst in Ostasien und in der Südsee zum Einsatz kamen.
Es waren nicht die ersten deutschen Kriegsschiffe im Auslandsdienst. Im November 1865 lief die preußische Gedeckte Korvette »Vineta« als erstes deutsches Kriegsschiff zu einer Weltumsegelung aus. Im Oktober 1868 kam das Schiff, mittlerweile unter der Flagge des zwischenzeitlich neu gegründeten und unter preußischer Führung stehenden Norddeutschen Bundes, wieder zurück in die Heimat. Bereits unmittelbar nach der Reichsgründung ging die Glattdeckskorvette »Nymphe« auf große Fahrt. Vom Juli 1871 bis zum Mai 1874 umsegelte sie als erstes Kriegsschiff der Kaiserlichen Marine den Globus. Beiden Unternehmungen ist gemeinsam, dass sich die Schiffe überwiegend im asiatischen und pazifischen Raum aufgehalten haben sowie diplomatische und handelspolitische Missionen zu erledigen hatten.

Die Gedeckte Korvette »Vineta« war vom November 1865 bis Oktober 1868 als erstes preußisches Kriegsschiff bzw. Kriegsschiff des Norddeutschen Bundes auf Weltreise. (Foto: Archiv Autor)

Wie im Kapitel 1 dargestellt, entwickelte sich nach und nach eine rege Auslandstätigkeit deutscher Kriegsschiffe. Koloniale Interessen spielten zunächst keine – allenfalls eine untergeordnete – Rolle. Im Dienste der Diplomatie, zum Schutz des deutschen Seehandels und der deutschen Handelsvertretungen sowie der im Ausland lebenden Deutschen waren die kaiserlichen Kriegsschiffe unterwegs. Ohne feste Stützpunkte standen sie in festgelegten Seegebieten, den sogenannten Auslandsstationen, bereit, um im Bedarfsfalle aktiv werden zu können. Logistisch mussten sie vor Ort auf ausländische Marinestützpunkte und Häfen zurückgreifen, was einerseits teuer – man ließ sich alles gut bezahlen – und andererseits logistisch und politisch nicht immer einfach war.
Der gegen Ende des 19. Jahrhunderts einsetzende wirtschaftliche Aufschwung des Deutschen Reiches und der in Folge aufblühende deutsche Seehandel führten auch zu einer immer stärkeren und umfangreicheren Auslandstätigkeit der Kaiserlichen Marine. Die sich weltweit ausdehnenden Handelsbeziehungen machten es in den Augen der Marineleitung notwendig für die Wahrung der politischen und wirtschaftlichen Interessen zügig Kriegsschiffe in überseeische Gewässer zu entsenden. Neben Einzelschiffen kamen jetzt auch erste Schiffsverbände auf den Auslandsstationen zum Einsatz.
Anfang der 1880er Jahre begann das Deutsche Reich mit einer aktiven Kolonialpolitik in Übersee. Neben den schon genannten Schutzaufgaben galt es für die Marine nun auch vermehrt Flagge zu zeigen, den konsularischen Vertretungen des Reiches den Rücken zu stärken und dort wo nötig auch Machtdemonstration auszuüben sowie Polizeiaktionen durchzuführen. Regional standen Afrikas West-, Südwest- und Ostküste sowie Ostasien und die Südsee im besonderen Fokus. Insbesondere China weckte die Aufmerksamkeit des deutschen und internationalen Handels und die deutsche Kaufmannschaft forderte seitens des Reiches Schutzmaßnahmen für ihre fernöstlichen Niederlassungen.
Ab Mitte / Ende der 1880er Jahre entstand so auch in mehreren Schüben das kaiserliche Ostasiatische Kreuzergeschwader; in Kurzform auch als Ostasiengeschwader bezeichnet. Erstmals bemühte sich jetzt die Kaiserliche Marine um einen festen Auslandsstützpunkt für ihre Schiffe, was im November 1897 mit der Besetzung der Kiautschou-Bucht und dem Ausbau des dort gelegenen Ortes Tsingtau realisiert werden

konnte. Bemerkenswert ist, dass das dann in Folge von China für 99 Jahre gepachtete Gebiet nicht unter der Verwaltung des Reichskolonialamtes stand, sondern dem Reichsmarineamt unterstellt blieb.
Auf der einen Seite wuchs in den folgenden Jahren Tsingtau zu einem bedeutenden Überseehafen und einem blühenden Handelszentrum des internationalen Handels heran und zum anderen entstand hier ein beachtlicher Marinestützpunkt – der erste und auch der einzige der Kaiserlichen Marine in Übersee – mit Werftkapazitäten und umfangreichem logistischem Fähigkeitsspektrum. Er wurde zum Heimathafen des Ostasiatischen Kreuzergeschwaders. Dieses wiederum hatte die Aufgabe, vor Ort – das heißt in China, in Ostasien und in der Südsee – deutsche Interessen zu vertreten, Stärke zu zeigen, deutsche Handelsniederlassungen zu schützen und bei Aufständen zu intervenieren. Letzteres geschah auch gelegentlich im Verbund mit anderen Nationen, wie es zum Beispiel in den Jahren 1900 / 1901 beim Boxeraufstand in China der Fall war.
Bis zum Ersten Weltkrieg waren in Tsingtau zahlreiche kaiserliche Marineschiffe – vom Großen Kreuzer bis zum Hafenbetriebsfahrzeug nahezu jeder kolonial einsetzbare Schiffstyp – stationiert (siehe Tabelle im Anhang). Manche dieser Schiffe und Boote blieben über Jahre hinweg hier extrem lange disloziert, wobei die Besatzungen regelmäßig nach gewissen Zeitabständen ausgetauscht wurden.
Der Große Kreuzer »Fürst Bismarck« verbrachte mit Abstützung auf Tsingtau neun Jahre und damit fast sein gesamtes Schiffsleben im Kolonial- und Auslandsdienst. Das Vermessungsschiff »Planet« verlegte unmittelbar nach seiner Indienststellung nach Übersee und kam dann nur in den fernöstlichen und pazifischen Gewässern zum Einsatz. Nach Deutschland kehrte es nicht mehr zurück. Auf die zeitlich längsten ununterbrochenen Aufenthalte in Tsingtau kommen mit rund 14 Jahren die Kanonenboote »Iltis«, »Jaguar«, »Luchs« und »Tiger« sowie das Torpedoboot »S 90«. Kriegsbedingt fanden die fünf Einheiten 1914 in dem fernöstlichen Stützpunkt ihr Ende.
Alle ab 1897 in Tsingtau sowie die auf der Asiatischen und der Australischen Station eingesetzten Schiffe – beide Stationen waren eng mit Tsingtau verflochten – werden im dritten Kapitel in alphabetischer Reihenfolge mit ihren Lebensläufen, ihren technischen Daten und mit Abbildungen vorgestellt.
Für die Überlassung von Bildmaterial geht der besondere Dank des Autors an die Bibliothek für Zeitgeschichte in Stuttgart und an den Deutschen Marinebund in Laboe. Auch allen anderen Bildgebern sei für die Fotos ebenfalls recht herzlich Danke gesagt.

Hans Karr
Stuttgart, im Sommer 2021

Über den Autor

Hans Karr, Jahrgang 1951, trat nach dem Abitur in die Bundesmarine ein. Nach der Offiziersausbildung war der heutige Fregattenkapitän a.D. neben Landverwendungen auch über einen langen Zeitraum an Bord schwimmender Einheiten u.a. als Wachoffizier, Schiffsoperationsoffizier und Kommandant eingesetzt.
In Fachzeitschriften veröffentlicht er Beiträge zu schiffbaulichen, waffentechnischen und marinehistorischen Themen. Karr ist derzeit Redakteur bei einer Marinezeitschrift und Autor mehrerer Buchpublikationen des pietsch Verlages und des Motorbuch Verlages.
Sein Interesse an der deutschen Marinegeschichte ist mit einer umfangreichen Fachbuchsammlung sowie Text- und Bildarchiv belegt.

Kapitel 1

Die Auslandskreuzer, Auslandsstationen und der Marinestützpunkt Tsingtau der Kaiserlichen Marine

Nach dem Deutsch-Dänischen Krieg (1864) und dem Deutschen Krieg (1866), auch Preußisch-Österreichischer Krieg genannt, entstand unter Führung von Preußen der Norddeutsche Bund, der alle deutschen Staaten nördlich der Mainlinie zu einem Bundesstaat vereinte.

Das neue Staatsgebilde besaß von Anfang an eigene Mari-

Das Seegefecht vor Havanna zwischen dem deutschen Kanonenboot »Meteor« (vorne) und dem französischen Aviso »Bouvet« auf einer Gemäldedarstellung des Marinemalers Willy Stöwer. (Foto: Willy Stöwer)

Auf einem Gemälde des Marinemalers Alexander Kircher wird die deutsche Glattdeckskorvette »Augusta« dargestellt, wie sie am 4. Januar 1871 französische Handelsschiffe in der Gironde-Mündung aufbringt. (Foto: Alexander Kircher)

nestreitkräfte. Aus der Übernahme der Preußischen Marine war am 1. Oktober 1867 die Marine des Norddeutschen Bundes (auch Norddeutsche Bundesmarine oder Norddeutsche Bundesflotte) hervorgegangen. Der Handelsschutz sollte die Hauptaufgabe dieser Flotte sein. Im Kriegsfalle sollte ihr die defensive Rolle des Küstenschutzes zufallen.

Bereits im Oktober 1867 billigte der Bundestag des Norddeutschen Bundes mit dem Flottengründungsplan den weiteren Ausbau der Flotte sowie zum Handelsschutz die Einrichtung der fünf überseeischen Stationen Ostasien, Karibik, amerikanische Westküste, südamerikanische Ostküste und Mittelmeer.

Die Norddeutsche Bundesflotte spielte im Deutsch-Französischen Krieg 1870/1871 keine Rolle. Allerdings fand am 9. November 1870 auf einer der Auslandsstationen das einzige Seegefecht dieses Krieges statt. Das deutsche Kanonenboot »Meteor« (422 t, 43,28 m, 2 x Dampfmaschine, 320 PS, 9 kn, 1 x 68-Pfünder, 2 x 12-Pfünder, 71 Mann) lieferte sich vor Havanna/Kuba eine Schießerei mit dem französischen Aviso »Bouvet«, die mit der Flucht der schwer getroffenen »Bouvet« in den neutralen Hafen endete.

Eine weitere Aktion von im Ausland stationierten deutschen Kriegsschiffen war das Aufbringen von drei französischen Handelsschiffen in der Gironde-Mündung durch die Glattdeckskorvette »Augusta« (2272 t, 81,50 m, 1 x Dampfmaschine, 1300 PS, 13,5 kn, 8 x 24-Pfünder, 6 x 12-Pfünder, 230 Mann). Dabei wurde ein Handelsschiff versenkt und zwei weitere mit Prisenbesatzungen nach Kiel geschickt.

Nach dem Sieg über Frankreich wurde am 18. Januar 1871 König Wilhelm I von Preußen im Spiegelsaal des Schlosses von Versailles zum deutschen Kaiser ausgerufen. Während in dem neu entstandenen Deutschen Reich die Heere in Friedenszeiten weiterhin unter der Länderhoheit blieben, ging bei der Marine der Oberbefehl auf den Kaiser über. Aus der Marine des Norddeutschen Bundes wurde mit der Reichsgründung die Kaiserliche Marine. Chef der neu aufgestellten Kaiserlichen Admiralität wurde der preußische General der Infanterie Albrecht von Stosch, der im September 1875 zum Admiral a la suite des Seeoffizierskorps ernannt wurde.

Der Schutz des deutschen Seehandels und die Verteidigung der Küsten blieben weiterhin die Hauptaufgaben der deutschen Seestreitkräfte. Neu hinzu kam die Aufgabe das Deutsche Reich in Übersee zu repräsentieren. Dementsprechend wurde der schon zu Zeiten des Norddeutschen Bundes begonnene Ausbau der Flotte fortgesetzt.

So entstanden für den Auslandsdienst eine Vielzahl von eisernen Segelkriegsschiffen, die ungepanzert für einen Seekrieg zwar wenig militärischen Wert hatten, aber dort, wo sie in Übersee auftraten, durchaus Furcht einflößend wirken konnten. Die ihnen gestellte Aufgabe des Schutzes der deutschen Handelsniederlassungen und die Repräsentation des Deutschen Reiches erfüllten die Schiffe und ihre Besatzungen voll und ganz. Sie waren nicht nur ein Instrument der Außenwirtschaftspolitik, sondern auch ein Mittel der Diplomatie.

Schon vor 1870 hatten deutsche Kriegsschiffe in Übersee in den oben genannten Gebieten Station bezogen. In der

Kaiserlichen Marine wurden zunächst aber nur zwei überseeische Stationen geplant, die ostasiatische und die westindische. Jeweils zwei Korvetten und ein Kanonenboot waren hierfür vorgesehen. Darüber hinaus dachte man an ein aus einer Panzerfregatte, zwei Korvetten und einem Kanonenboot bestehendes Fliegendes Geschwader, das für die überseeischen Schutz- und gegebenenfalls Polizeiaktionen zur Verfügung stehen sollte. Allgemein kam für diese Einheiten auch die einheitliche Typbezeichnung Auslandskreuzer in Gebrauch.

Die Ausweitung der deutschen Wirtschaftsbeziehungen und der stetig zunehmende Seehandel nach Übersee führte seitens der Handelshäuser und der Kaufmannschaft ab den 1880er Jahren zu immer häufigeren Eingaben, in denen um Schutz und um Entsendung von Kriegsschiffen nach Ostasien, in die Südsee, nach Afrika und nach Lateinamerika gebeten wurde.

Nach anfänglichem Widerstand war auch Reichskanzler Fürst Otto von Bismarck ab Anfang der 1880er Jahre dem

Die damalige Freizeitgestaltung an Bord wirkt heute doch etwas befremdlich. (Foto: Archiv Autor)

Erwerb von sogenannten Schutzgebieten in Afrika und in der Südsee nicht mehr abgeneigt. Mit Hilfe der Marine begann die deutsche Kolonialpolitik, und damit verstärkte sich auch zwangsläufig deren Auslandstätigkeit.

Neben den aus Wirtschaft und Handel kommenden Forderungen gewannen somit immer stärker politische, koloniale und militärstrategische Überlegungen Einfluss auf die Gestaltung und Festlegung von Auslandsstationen. Darunter verstand man fest umrissene außerheimische Seegebiete, in denen man seine Interessen durch ständig stationierte Kriegsschiffe vertreten ließ. Ein fester Stützpunkt war für diese Einheiten nicht vorgesehen.

Nachfolgende Auslandsstationen der Kaiserlichen Marine bestanden von 1885 bis 1914:

- Europäische Station: die Seegebiete vor den Küsten Westeuropas, das Mittelmeer und das Schwarze Meer
- Westafrikanische Station: Afrikanische Westküste
- Ostafrikanische Station: Persischer Golf, Rotes Meer, afrikanische Ostküste
- Asiatische Station: vom Iran über Indien, Indochina und China bis nach Russland
- Australische Station: Australische Gewässer und Südsee
- Westamerikanische Station: von Alaska bis Kap Hoorn
- Ostamerikanische Station: von Grönland bis Kap Hoorn

Die jeweils dort stationierten Kriegsschiffe standen bereit für ein umfangreiches Aufgabenspektrum. Sie zeigten Flagge und vertraten auf Weisung aus der Heimat deutsche Interessen. So gut und effektiv wie möglich versuchten sie Seemacht zu demonstrieren. Sie schützten deutsche Handelsniederlassungen und bei Revolutionen oder Aufständen die im Krisengebiet ansässige deutschstämmige Bevölkerung. Bei Kolonialangelegenheiten setzten sie die deutsche Flagge als Zeichen der Inbesitznahme durch das Deutsche Reich. In den Schutzgebieten und Kolonien unternahmen sie Polizeiaktionen. Bei Unruhen, Aufständen und Streitigkeiten sorgten sie für deren Niederschlagung und Befriedung. Zugleich kam es auch immer wieder in kolonialen Fragen zwischen den Großmächten zu Streitigkeiten und Konflikten. Auch hier mussten die Auslandskreuzer vermittelnd oder mit militärischer Gewalt eingreifen oder zumindest mit letzterer drohen. Aber auch zu friedlichen Zwecken, wie zum Beispiel bei Vermessungsarbeiten in den damals noch weitestgehend nicht kartografierten Gewässern und Regionen sowie zur Sammlung geografischer und ozeanografischer Daten, kamen sie zum Einsatz. Die Einheiten verblieben meist über Jahre als Stationäre in dem ihnen zugewiesenen Einsatzraum. Lediglich die Besatzungen wurden des Öfteren ausgetauscht.

Die tropischen Gewässer, in denen die Schiffe überwiegend zum Einsatz kamen, verlangten viel von Mensch und Material. Die Technik der Schiffe unterlag in dem heißen Klima einem hohen Verschleiß. Die Lebensbedingungen der Besatzungen waren nicht gerade optimal. Die Bordroutine war militärisch streng, die Freizeitgestaltung eingeschränkt und die Tropensonne sorgte für hohe Temperaturen in den Räumlich-

Das Wrack des Kanonenbootes »Adler« am Strand von Apia. (Foto: John Davis)

keiten an Bord, wobei das Maschinenpersonal in den Betriebsräumen besonders hart betroffen war.
Erschwerend kam noch hinzu, dass Deutschland über keinerlei eigene Stützpunkte für die logistische Betreuung seiner Schiffe verfügte. Zu Reparaturarbeiten und Instandsetzungen oder zur Erholung und zum Austausch der Besatzungen sowie zur Verbindungsaufnahme mit den heimatlichen Befehlsstellen mussten daher ausländische Häfen und Telegrafenverbindungen genutzt werden. Das Gleiche galt für die Nachversorgung mit Proviant und Wasser sowie die Kohle für den Schiffsantrieb.
Gerade auf den letzten Punkt ist zurückzuführen, dass die deutschen Auslandskreuzer noch lange Zeit mit einer Takelage ausgerüstet waren. Einerseits war man bei Maschinenproblemen nicht antriebslos und andererseits konnte bei günstigem Wind eine Menge an Kohle eingespart werden.
Kapstadt, Sydney, Singapur, Hongkong, Schanghai oder japanische Häfen wurden routinemäßig zu solchen Zwecken

Kanonenboot »Eber«. (Foto: Archiv Autor)

Die in einem Taifun auf den Strand gesetzte und schwer beschädigte Kreuzerkorvette »Olga« konnte wieder freigeschleppt und repariert werden. (Foto: US Navy)

und Vorhaben angelaufen. Man war also stets auf das Wohlwollen dieser überwiegend unter englischem Einfluss stehenden Lokalitäten angewiesen. Aber nicht nur das: Dort ließ man sich die Serviceleistungen auch gut bezahlen.

Die Kaiserliche Marine musste bei ihren Stationären auch einige tragische Unglücke und Schiffsverluste in Kauf nehmen. Am 16. März 1889 strandeten vor Apia/Samoa in einem Taifun die Kanonenboote »Adler« (1040 t, 61,80 m, 1 x Dampfmaschine, 950 PS, 11 kn, 5 x 12,5-cm-Ringkanone, 5 x 3,7-cm-Revolverkanone, 127 Mann) und »Eber« (735 t, 51,70 m, 1 x Dampfmaschine, 760 PS, 11 kn, 3 x 10,5-cm-Ringkanone, 4 x 3,7-cm-Revolverkanone, 81 Mann). Die Kanonenboote wurden zum Totalverlust. Auf der »Adler« waren 20 Tote und auf der »Eber« 73 Tote zu beklagen.

In dem gleichen Taifun gelang es dem Kommandanten der Kreuzerkorvette »Olga« (2424 t, 76,35 m, 1 x Dampfmaschine, 2399 PS, 14 kn, 2 x 8,8-cm-Geschütz, 10 x 3,7-cm-Maschinenkanone, 275 Mann) sein Schiff vor Apia auf den Strand zu setzen. Es erlitt zwar schwere Sturmschäden, konnte aber wieder freigeschleppt und repariert werden.

Kanonenboot »Iltis«. (Foto: Deutscher Marinebund)

Das Kanonenboot »Iltis« (570 t, 47,20 m, 2 x Dampfmaschine, 365 PS, 9 kn, 2 x 12,5-cm-Ringkanone, 2 x 8,7-cm-Ringkanone, 85 Mann) geriet am 23. Juli 1896 in einem Sturm vor der chinesischen Küste bei dem Kap Schantung auf ein Riff und brach in der Folge auseinander. Bei diesem Unglück ertranken 71 Mann der Besatzung.

In der Kaiserlichen Marine wurden mehrfach als Kreuzergeschwader bezeichnete Kriegsschiffverbände zur Sicherung des Seehandels und Unterstützung der Kolonialpolitik aufgestellt und auf die Auslandsstationen entsandt respektive dort zusammengezogen. Es gab ostasiatische, ostafrikanische und westafrikanische Kreuzergeschwader, darüber hinaus auch zwei ostasiatische und eine ostamerikanische Kreuzerdivision.

Nach der von Großbritannien und den USA erzwungenen Öffnung der Häfen Chinas für den Handel mit ausländischen Mächten wollten auch deutsche Kaufleute sich ein Stück vom Kuchen abschneiden. Durchsetzen ließen sich solche Interessen nur mit einer starken Marine im Rücken. So entstand in der zweiten Hälfte des 19. Jahrhunderts in mehreren Schüben das deutsche Ostasiatische Kreuzergeschwader.

Von 1886 bis 1893 stellte die Kaiserliche Marine ein permanentes Kreuzergeschwader auf, das in der Region zwischen der Ostküste Afrikas, der Südsee, der chinesischen Küste und der Westküste Südamerikas pendelte. Dieser »Feuerwehrverband« war aus dem aufgelösten Ostafrikanischen Kreuzergeschwader entstanden und wurde auch als Fliegendes Geschwader bezeichnet.

Nach Beruhigung der allgemeinen Lage in den genannten Regionen wurde aus Kostengründen im April 1893 dieses Geschwader aufgelöst. Der im August 1894 ausgebrochene

und bis April 1895 währende Chinesisch-Japanische Krieg zwang jedoch alle Großmächte, ihre Einheiten in Ostasien wieder aufzustocken. Daraufhin kam es im November 1894 zur Bildung der Ostasiatischen Kreuzerdivision.
Ein weiterer Grund für die Aufstellung dieser Kreuzerdivision war auch das verstärkte Drängen Kaiser Wilhelms II hinsichtlich eines festen Stützpunktes für deutsche Marineeinheiten in Ostasien. Der bedeutend gestiegene deutsche Handelsumsatz mit China machte einen entsprechenden Schutz erforderlich. Außerdem benötigten die in Ostasien stationierten Marineschiffe Dockmöglichkeiten und Kohledepots. Die Stützpunktsuche war somit neben den üblichen Schutzaufgaben sowie den macht- und kolonialpolitischen Unternehmungen ein weiterer wichtiger Auftrag, welche die Ostasiatische Kreuzerdivision zu erfüllen hatte.
Eine Flottenstation auf friedlich-diplomatischem Wege von China zu erlangen wurde im Jahre 1895 erfolglos versucht. Daraufhin beschloss man in Berlin gewaltsam vorzugehen. Es musste nur noch der richtige Anlass und vor allen Dingen ein geeigneter Ort gefunden werden.
Wiederholt kam hierfür Amoy ins Gespräch. Auch die Samsa-Bucht und die Chusan-Inseln wurden neben weiteren Orten in China und auf Formosa hinsichtlich einer Eignung geprüft. Letztendlich wurde es das ebenfalls favorisierte und schon länger aus politischen Gründen auch priorisierte Tsingtau in der Kiautschou-Bucht.
Diese Auswahl aus den vorhandenen Optionen erfolgte durch den damaligen Konteradmiral Alfred Tirpitz, der von Juni 1896 bis April 1897 Chef der Ostasiatischen Kreuzerdivision war. Die anderen Möglichkeiten lehnte Tirpitz ab, weil sie in der britischen Einflusssphäre lagen. Eine Auseinandersetzung mit Großbritannien und dessen erdrückender maritimer Macht in Ostasien wollte er nicht mit einem deutschen Stützpunkt provozieren. Tirpitz pries in seinem Bericht Tsingtau sowohl wirtschaftlich als auch militärstrategisch als einzigen gut geeigneten Ort in China, der zudem noch nicht von einer fremden Macht beansprucht werde.
Jetzt fehlte nur noch der Anlass, um den von Tirpitz ausgewählten Ort auch in Besitz nehmen zu können. Nachdem am 1. November 1897 zwei deutsche Missionare der Steyler Mission in China ermordet worden waren, befahl Kaiser Wilhelm II, der nun den Vorwand zur Errichtung eines deutschen Stützpunktes in China gefunden hatte, die Besetzung der Kiautschou-Bucht.
Die Ostasiatische Kreuzerdivision, nun unter dem Kommando von Konteradmiral Otto von Diederichs, besetzte mit dem Großen Kreuzer »Kaiser« sowie den Kleinen Kreuzern »Prinzess Wilhelm« und »Cormoran« am 14. November 1897 Tsingtau. Ein Landungskorps forderte den Befehlshaber der dort stationierten chinesischen Einheit ultimativ auf seine Truppen abzuziehen.
Am 17. November trafen die Kreuzerkorvette »Arcona« aus Shanghai und am 2. Dezember der Kleine Kreuzer »Irene« aus Hongkong ein. Alle deutschen Kriegsschiffe der Asiatischen Station waren damit vor Ort versammelt. Militärischen

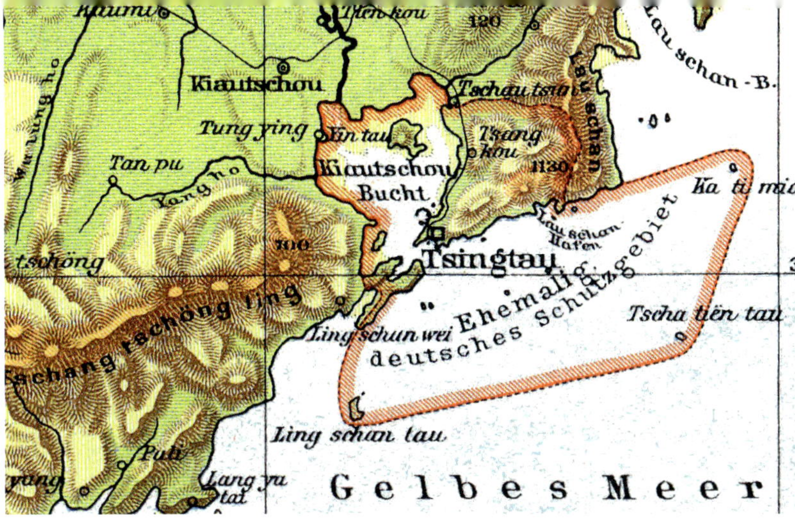

Kartenausschnitt aus einem Schulatlas der 1930er Jahre zum Pachtgebiet von Kiautschou. (Foto: Archiv Autor)

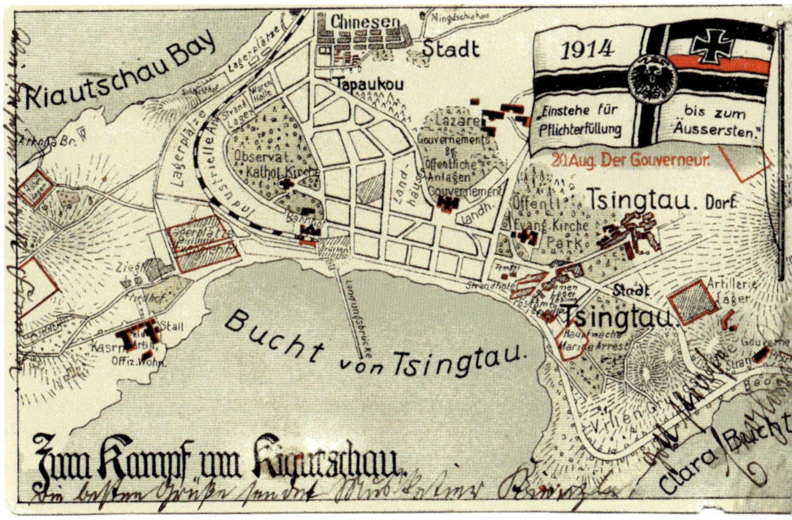

Eine deutsche Postkarte, die nach 1914 gedruckt wurde, und – entgegen der Beschriftung – den Stadtplan von Tsingtau um die Jahrhundertwende zeigt. (Foto: Archiv Autor)

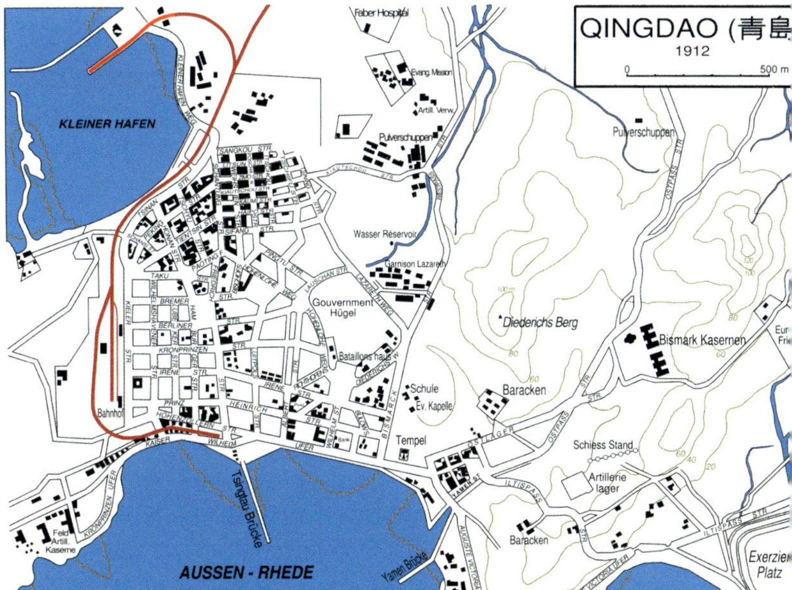

Die Abbildung zeigt den Stadtplan von Tsingtau aus dem Jahre 1912. (Foto: Archiv Autor)

Geschäftshäuser an der Außenreede von Tsingtau. (Foto: Bibliothek für Zeitgeschichte)

Widerstand hatte es nicht gegeben. Die Deutschen hatten mit der Hissung der deutschen Flagge und damit nach der damals üblichen Rechtsauffassung das Land in Besitz genommen.

Die Aktion sorgte aber auch für eine lebhafte politische Unruhe. Insbesondere Russland und Frankreich versuchten China gegen das Deutsche Reich aufzubringen. England verhielt sich ruhig und griff selbst nach Weiheiwei im Nordosten der Provinz Shandong. Japan verhielt sich ebenfalls ruhig – jedenfalls bis zum Kriegsausbruch im August 1914.

Mit China gab es anschließend auf politischer Ebene Verhandlungen, die am 6. März 1898 mit einem Vertrag abschlossen, in dem China das Hoheitsrecht über die Kiautschou-Bucht für 99 Jahre an das Deutsche Reich verpachtete. Am 27. April 1898 wurde Kiautschou zum deutschen Schutzgebiet erklärt.

Das Deutsche Reich war nach der Besitznahme der Kiautschou-Bucht an einem schnellen Ausbau des Gebietes interessiert. Es wurde als einziges der deutschen Schutz- und Kolonialgebiete nicht von dem Reichskolonialamt verwaltet, sondern war dem Reichsmarineamt unterstellt. Die militärische wie auch die zivile Verwaltung unterstanden einem Militärgouverneur im Range eines Kapitäns zur See.

»Das kleine Fischerdorf Tsingtau wurde Hauptort des Pachtgebietes Kiautschou. Es wuchs – nicht zuletzt dank Zuweisung erheblicher Geldmittel aus dem Marineetat – nicht nur zu einem wichtigen Flottenstützpunkt, sondern auch zu einem bedeutenden Überseehafen und einem blühenden Handelszentrum internationalen Handels heran. Viele deutsche und ausländische Export- und Importunternehmen ließen sich hier nieder. Die Ausfuhr chinesischer Erzeugnisse über den Hafen Tsingtau schwoll gewaltig an, nachdem 1904 die mit deutschen Mitteln erbaute Schantungbahn fertiggestellt worden war.« (zitiert nach: Walter Nuhn, Kolonialpolitik und Marine, Bonn 2002, Seite 135).

Tsingtau war der einzige Stützpunkt der Kaiserlichen Marine in Übersee. Für das neu gebildete Ostasiatische Kreuzergeschwader wurde er als leistungsfähiger Friedensstützpunkt mit Werft- und Dockkapazität konzipiert und ausgebaut. Von Anfang an war sich die Marineleitung aber auch bewusst, dass im Kriegsfalle einer Belagerung von Tsingtau nicht allzu lange widerstanden werden konnte. Es war daher vorgesehen, dass das Kreuzergeschwader dann sofort zum Kreuzerkrieg auslaufen sollte, damit die Kiautschou-Bucht nicht zur Todesfalle werden konnte. Beim Kriegsbeginn im August 1914 sollte sich diese Annahme dann auch als richtig erweisen.

Kapitel 2

Das Ostasiatische Kreuzergeschwader von 1897 bis 1914

Nach der Besetzung von Tsingtau war man sich in Berlin schnell darüber im Klaren, dass die relativ schwache Ostasiatische Kreuzerdivision für das nun vergrößerte Engagement in Fernost nicht mehr ausreichte und einer Verstärkung bedurfte. Als erstes Schiff lief schon am 19. November 1897 der seiner Zeit sich in Kreta aufhaltende Große Kreuzer »Kaiserin Augusta« aus. Mit seinem Eintreffen in Singapur am 14. Dezember 1897 begann für den Großen Kreuzer das neue Unterstellungsverhältnis.
Am 23. November 1897 erging der Befehl zur Bildung einer II. Kreuzerdivision. Gleichzeitig wurde angeordnet, dass sich beide Kreuzerdivisionen zum Ostasiatischen Kreuzergeschwader – in Kurzform auch als Ostasiengeschwader bezeichnet – zu vereinen hätten. Der Chef der bisherigen Kreuzerdivision, Konteradmiral Otto von Diederichs, wurde am gleichen Tag zum Vizeadmiral befördert und zugleich Chef des neu aufgestellten Ostasiatischen Kreuzergeschwaders. Chef der II. Kreuzerdivision wurde der Bruder des Kaisers, Konteradmiral Prinz Heinrich von Preußen. Am 16. Dezember 1897 begann die Ausreise des Verbandes nach Fern-

Zeitgenössische Postkarte zur II. Kreuzerdivision, die von Konteradmiral Prinz Heinrich von Preußen befehligt wurde und aus dem Großen Kreuzer »Deutschland« und dem Kleinen Kreuzer »Gefion« bestand. (Foto: Archiv Autor)

Oben: Nach einem Gemälde von Carl Röchling: »The Germans to the Front!«. (Foto: Carl Röchling)

Links: Eine zeitgenössische japanische Darstellung zur Zusammensetzung des internationalen Truppenkontingents im Boxeraufstand. (Foto: Archiv Autor)

ost. Er bestand aus dem Großen Kreuzer »Deutschland« und dem Kleinen Kreuzer »Gefion«. Wegen mehreren Pannen und durch Maschinenausfälle auf der »Deutschland« bedingte Verzögerungen stieß die II. Kreuzerdivision erst am 5. Mai 1898 in Tsingtau zum Ostasiatischen Kreuzergeschwader.
Damit verfügte die Kaiserliche Marine jetzt über eine durchaus respektable maritime Streitmacht in Ostasien. Trotz allem: Die englischen, russischen und japanischen Seestreitkräfte waren – auch einzeln gesehen – überlegen.
Die Aufgaben des auf Tsingtau abgestützten Ostasiatischen Kreuzergeschwaders bestanden im Schutz des deutschen Außenhandels und des Schiffsverkehrs in Fernost, in der Sicherung der deutschen Kolonien und Schutzgebiete in der Südsee, in der Repräsentation des Deutschen Reiches in Ostasien und in der Wahrnehmung der deutschen Interessen in der ostasiatischen und pazifischen Region.

Verabschiedung des Expeditionskorps am 27. Juli 1900 durch Kaiser Wilhelm II in Wilhelmshaven. (Foto: Archiv Autor)

Im Kriegsfalle war ein Verbleiben des Ostasiatischen Kreuzergeschwaders in Tsingtau nicht vorgesehen. Gegnerische Flotteneinheiten hätten den Verband leicht in der Kiautschou-Bucht blockieren können. Stattdessen sollten die Einheiten durch Kreuzerkriegführung den gegnerischen Handel stören.
Im Amerikanisch-Spanischen Krieg waren im Sommer 1898 Einheiten des Ostasiatischen Kreuzergeschwaders in Manila auf den Philippinen in einer Beobachterrolle im Einsatz. Dies führte zu einer teils heftigen Missstimmung zwischen den vor Ort befindlichen amerikanischen und deutschen Befehlshabern und zu einem aggressiven Verhalten der Amerikaner. Dieser sogenannte Manila-Konflikt war im August 1898 beendet.
Einen ersten großen Einsatz hat das Ostasiatische Kreuzergeschwader im chinesischen Boxeraufstand. Ab dem Frühjahr 1900 führten die Attacken der Boxerbewegung gegen Ausländer und chinesische Christen zu einer gemeinsamen Aufforderung von acht Großmächten – Deutsches Reich, Frankreich, Großbritannien, Italien, Japan, Österreich-Ungarn, Russland, USA – an die chinesische Regierung diese Übergriffe zu verbieten, andernfalls sie zur Selbsthilfe greifen würden. Da die Boxerbewegung ihre Greueltaten noch steigerte, kam es zu einem kriegerischen Einsatz internationaler Verbände, um den Schutz ihrer Staatsbürger unter anderem in Peking gewährleisten zu können.
Von deutscher Seite wurden sofort Teile des in Tsingtau stationierten III. Seebataillons in das Unruhegebiet gebracht. Das Kanonenboot »Iltis« machte sich bei der Niederkämpfung der Taku-Forts, die das Vorrücken der Landungstruppen blockierten, verdient.

Das Torpedoboot »Taku«, das Flusskanonenboot »Vorwärts« und das Torpedoboot »S 90« (v.l.n.r.) im Schwimmdock von Tsingtau. Die Aufnahme wurde vermutlich um das Jahr 1905 gemacht. Das Bild verdeutlicht, dass in Tsingtau eine leistungsfähige Werft- und Reparaturkapazität vorhanden war. (Foto: Bundesarchiv / Bild 137-003365 / CC-BY-SA 3.0)

Einheiten des Ostasiatischen Kreuzergeschwaders an ihrem Liegeplatz in Tsingtau. (Foto: Bibliothek für Zeitgeschichte)

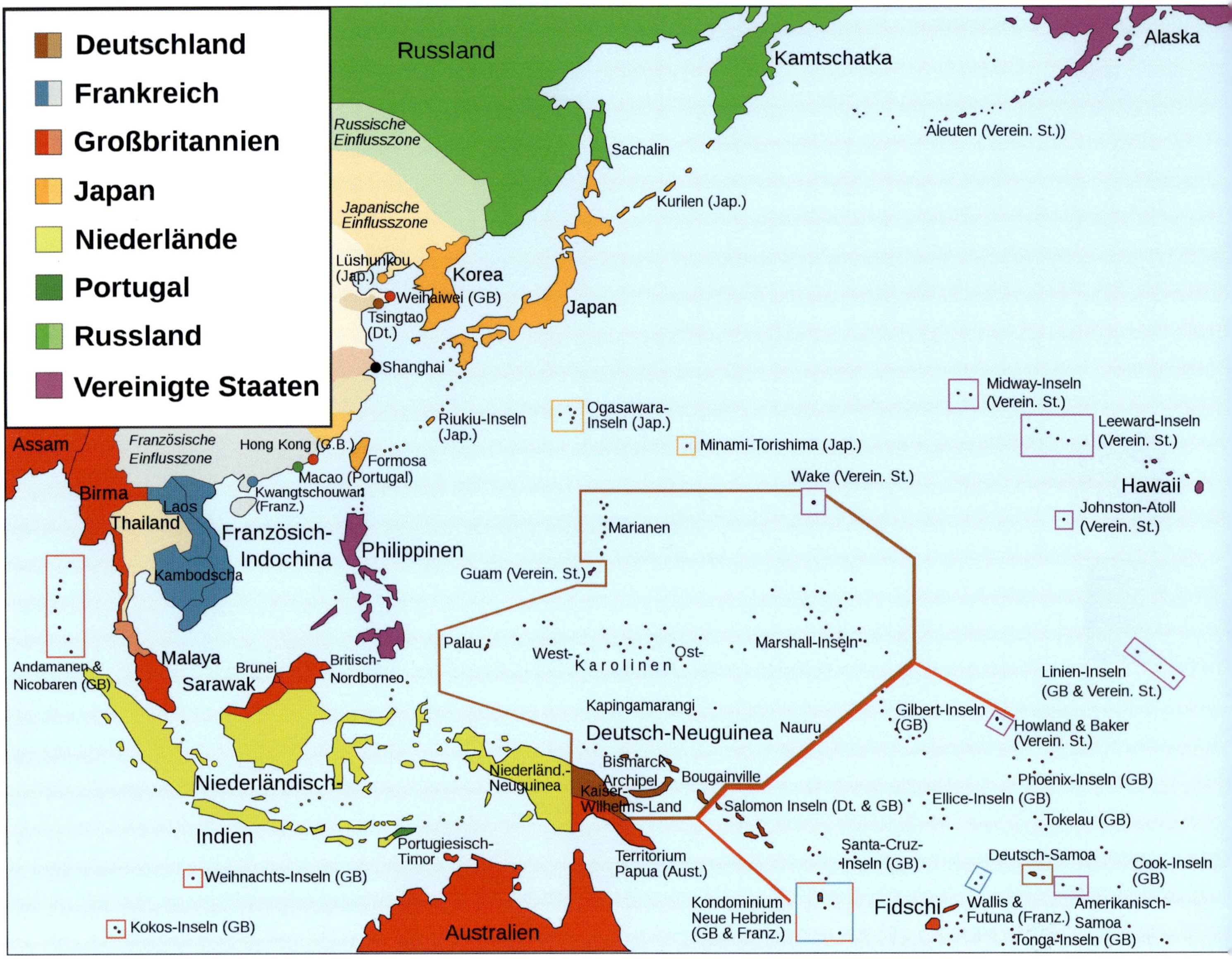

Die Kolonialgebiete in Asien und im westlichen Pazifik. (Foto: Wikimedia / CC-BY-SA 3.0)

Die Landverbände, die im Juni 1900 in Richtung Peking aufbrachen, standen unter dem Oberbefehl des englischen Admirals Sir Edward Hobart Seymour. Von ihm stammt auch der in einer brenzligen Gefechtslage gegebene und berühmt gewordene Befehl: »The Germans to the Front!«. Ein aus dem I. und II. Seebataillon gebildetes 2500 Mann starkes Expeditionskorps verließ im Juli Wilhelmshaven und wurde dem Chef des Ostasiatischen Kreuzergeschwaders unterstellt. Der Transport erfolgte durch zivile Dampfer.

Auch das Ostasiatische Kreuzergeschwader wurde durch zahlreiche aus Deutschland oder von anderen Auslandsstationen zugeführte Einheiten der Kaiserlichen Marine vorübergehend verstärkt. Im Einzelnen: der Große Kreuzer »Fürst Bismarck«, die Kleinen Kreuzer »Bussard«, »Geier«, »Hela«, »Schwalbe« und »Seeadler« sowie die Kanonenboote »Luchs« und »Tiger« und das Lazarettschiff »Gera«.

Außergewöhnlich und einmalig vorkommend war die Dislozierung einer Detachierten Division bestehend aus den damals modernen Linienschiffen »Brandenburg«, »Kurfürst Friedrich Wilhelm«, »Weißenburg« und »Wörth«. Mit der Entsendung von »S 90«, »S 91« und »S 92« fand ebenfalls zum ersten und einzigen Mal ein Einsatz von Torpedobooten in Übersee statt, wobei »S 90« in Tsingtau stationiert blieb und nicht mehr nach Deutschland zurückverlegte. Ebenso verblieben die Kanonenboote »Luchs« und »Tiger« in Tsingtau.

Mit der Niederlage der Chinesen und dem Friedensschluss zwischen China und den an der Niederschlagung des Aufstandes beteiligten Staaten endeten im September 1901 die internationalen Aktivitäten. Die Lage begann sich wieder zu beruhigen und die Truppen und Kriegsschiffe wurden nach und nach wieder abgezogen.

Für das Ostasiatische Kreuzergeschwader begannen für die nächsten Jahre wieder ruhigere Zeiten. Planmäßige Verbands- und Einzelausbildung, Schießübungen und Patrouillenfahrten vor der chinesischen Küste standen ebenso auf dem Programm wie im Rahmen von repräsentativen Pflichten die Besuche von zahlreichen Häfen in Russland, Japan, Singapur, Niederländisch-Indien und Australien.

TAHITI LA DÉLICIEUSE ÉPROUVÉE PAR LA GUERRE

A PAPEETE LES DÉGATS S'ÉLÈVENT AU MOINS A DEUX MILLIONS

La petite île de Tahiti, perdue de l'autre côté de la terre dans sa sereine solitude, semblait protégée plus que tout autre pays contre les horreurs de la guerre. On sait que le 22 septembre, les croiseurs allemands "Gneisenau" et "Sharnhorst" lui ont rendu visite, bombardant la ville de Papeete sans oser opérer un débarquement. Deux hommes seulement, un Chinois et un Maori, furent tués, mais les dégâts matériels étaient importants, surtout au centre de la localité. Ils sont évalués à environ deux millions de francs.

Neben den Zerstörungen an Land ... (Foto: Archiv Autor)

LE STEAMER "WALKURE" COULÉ DANS LE PORT DE PAPEETE

Tandis que les habitants de Papeete mettaient le feu aux approvisionnements de charbon du port dont voulait évidemment s'emparer l'ennemi, celui-ci se vengeait en coulant la petite canonnière "Zélée" et un navire récemment capturé, le "Walkure", sans se douter que celui-ci était allemand. Cent vingt-cinq obus de 204 $^{m}/_{m}$ tombèrent sur Papeete, détruisant de nombreuses maisons presque toutes en bois. Les habitants mobilisés comptaient se défendre jusqu'au bout, mais les croiseurs s'éloignèrent pour ne plus revenir.

... wurden bei der Beschießung von Papeete auch zwei französische Schiffe versenkt. (Foto: Archiv Autor)

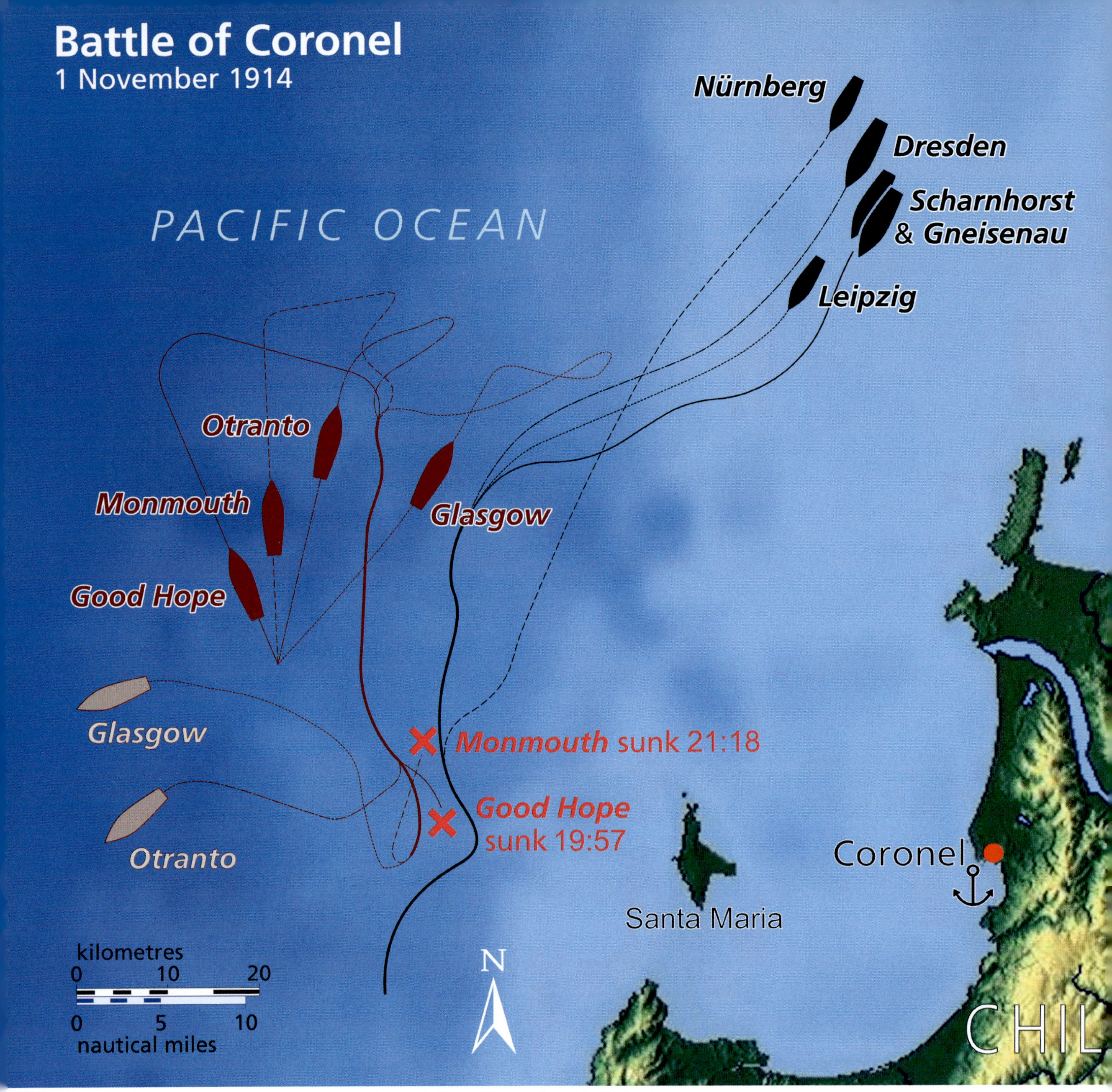

Gefechtsskizze zum Seegefecht vor Coronel. (Foto: Wikimedia / CC-BY-SA 3.0)

Militärisch trat der Verband in den Jahren 1902 bis 1914 kaum in Erscheinung. Als »fleet-in-being« kreuzte er ausschließlich in seinem fernöstlichen Einsatzgebiet der Asiatischen und Australischen Station und versah den damals üblichen Kolonialdienst. Zu Marineeinsätzen im südamerikanischen und afrikanischen Raum wurde der Verband nicht verwendet. Bisweilen wurden jedoch einzelne Schiffe zu solchen Einsätzen detachiert.

Im Japanisch-Russischen Krieg 1904–1905 blieb das Deutsche Reich neutral. Einzelne Schiffe des Geschwaders nahmen jedoch, wenn es dem eigenen Interesse dienlich war, gelegentlich Beobachteraufträge wahr. In den Jahren 1910–1911 war das Ostasiatische Kreuzergeschwader an der Niederschlagung eines Aufstandes auf der Karolinen-Insel Ponape eingebunden. Außerdem beteiligte es sich während der chinesischen Revolution 1911–1912 im Verbund mit anderen Nationen an verschiedenen maritimen Sicherungsmaßnahmen zum Schutz von in China lebenden Ausländern.

Zu Beginn des Ersten Weltkriegs befand sich das unter dem Kommando von Vizeadmiral Maximilian Graf von Spee ste-

hende Ostasiatische Kreuzergeschwader auf einer Rundreise durch die deutschen Schutzgebiete in der Südsee. Eine Rückkehr nach Tsingtau war angesichts des japanischen Kriegseintritts völlig ausgeschlossen.
Der in Tsingtau zurückgebliebene Kleine Kreuzer »Emden« wurde zum Kreuzerkrieg entlassen. Dieser verlief sehr erfolgreich, bis am 9. November 1914 das Schicksal zuschlug. In einem Artilleriegefecht unterlag die »Emden« dem australischen Leichten Kreuzer »Sydney«. Kampfunfähig geschossen, wurde das Schiff auf den Strand gesetzt.
Das Ostasiatische Kreuzergeschwader selbst operierte als Verband im Südpazifik und versuchte den gegnerischen Schiffsverkehr zu stören. Am 22. September beschoss das Geschwader Papetee, die Hauptstadt von Französisch-Polynesien auf der Insel Tahiti. Neben Zerstörungen an Land wurden zwei französische Schiffe, das Kanonenboot »Zélée« und der Dampfer »Walkure«, versenkt.
Danach verlegte der Verband über mehrere Zwischenstationen in Richtung südamerikanische Westküste. Am 12. Oktober stießen der Kleine Kreuzer »Dresden« und am 14. Oktober der Kleine Kreuzer »Leipzig« zum Geschwader.
Vor der chilenischen Küste bei Coronel kam es am 1. November 1914 zu einem Gefecht mit einem britischen Geschwader unter Konteradmiral Sir Christopher Cradock. Es bestand aus den Panzerkreuzern »Good Hope« und »Monmouth« sowie dem Leichten Kreuzer »Glasgow« und dem Hilfskreuzer »Otranto«. Die ersten beiden englischen Schiffe wurden versenkt, die beiden anderen konnten entkommen. Dies war seit 100 Jahren die erste Niederlage der Royal Navy. Die »Scharnhorst« hatte zwei, die »Gneisenau« vier und die Kleinen Kreuzer keinen Treffer hinnehmen müssen. Allerdings war fast die Hälfte der 21-cm-Munition der Großen Kreuzer verbraucht worden.
Nach dem Gefecht entschloss sich Graf von Spee aufgrund der schlechten Versorgungslage seiner Einheiten zum Durchbruch nach Deutschland. Das Geschwader hielt sich zunächst kurz in Valparaiso auf. Bei der Insel Mas a Fuera gelang es, aus zu diesem Zweck organisierten Kohledampfern die Kohlevorräte zu ergänzen. Ende November lag das Geschwader, dem es glückte seine Standorte vor den Engländern zu verschleiern, in der St. Quentin-Bucht und konnte nochmals Kohle übernehmen. Am 2. Dezember wurde Kap Hoorn umrundet. Dabei gelang es, ein englisches Segelschiff mit 3000 Tonnen Kohle an Bord aufzubringen. Die Kriegsschiffe wie auch die begleitenden Versorgungsschiffe waren so unerwartet in der Lage ihre Bestände aufzufüllen.
Auf dem Marsch nach Norden beschloss Vizeadmiral Graf von Spee, den englischen Stützpunkt Port Stanley auf den Falkland-Inseln anzugreifen, weil er dort keine schweren englischen Einheiten vermutete. Doch die Royal Navy war schon lange auf der Jagd nach dem Ostasiatischen Kreuzergeschwader und hatte die beiden modernen Schlachtkreuzer »Inflexible« und »Invincible« in Marsch gesetzt.
Als am 8. Dezember 1914 die zur Erkundung und zur Beschießung von Port Stanley vorausgesandten Einheiten, der Große Kreuzer »Gneisenau« und der Kleine Kreuzer »Nürnberg«, diese erst einen Tag zuvor angekommenen Schlachtkreuzer überraschender Weise im Hafen erkannten, war es zu spät. Innerhalb kürzester Zeit machten die beiden englischen Schiffe gefechtsklar, liefen aus und es entwickelte sich die Seeschlacht bei den Falkland-Inseln.
Die nicht mehr auf dem neuesten technischen Stand stehenden deutschen Schiffe waren den modernen und artilleristisch weit überlegenen englischen Schlachtkreuzern nicht gewachsen. Angesichts der aussichtslosen Lage entließ der Geschwaderchef die Kleinen Kreuzer »Dresden«, »Leipzig« und »Nürnberg« aus dem Verband. Doch nur der »Dresden« gelang es, dem englischen Gegner zu entkommen.
Nur wenige Besatzungsmitglieder von den versenkten Schiffen des Ostasiatischen Kreuzergeschwaders konnten von den

Das Ostasiatische Kreuzergeschwader ankert vor Valparaiso. (Foto: Bibliothek für Zeitgeschichte)

Der englische Schlachtkreuzer »Inflexible« bei Rettungsmaßnahmen für überlebende Besatzungsmitglieder der »Gneisenau«. (Foto: Royal Navy)

Das zum Heldenmythos hochstilisierte Seegefecht bei den Falkland-Inseln animierte den Marinermaler Hans Bohrdt 1915 zu seinem Gemälde »Der letzte Mann«. (Foto: Hans Bohrdt)

Engländern gerettet werden, 2100 fanden den Seemannstod. Die zunächst entkommene »Dresden« wurde im März 1915 in den neutralen chilenischen Gewässern der Insel Mas a Tierra (heute: Isla Robinson Crusoe) von englischen Kriegsschiffen gestellt und in Folge selbst versenkt.

Der Stützpunkt Tsingtau war, nachdem der Kleine Kreuzer »Emden« den Hafen zur Handelskriegführung verlassen hatte, ohne kampfkräftige Schiffe zurückgeblieben. Die Hilfskreuzer »Cormoran« und »Prinz Eitel Friedrich« wurden noch im August 1914 dort ausgerüstet und verließen dann ebenfalls den Stützpunkt zur Handelskriegführung. Lediglich das Torpedoboot »S 90« und das Kanonenboot »Jaguar« versahen noch einen Sicherungsdienst.

Am 10. August stellte Japan ein Ultimatum und verlangte die Übergabe von Tsingtau und des Kiautschou-Gebietes. Nach Ablauf der Frist erschien ein japanisches Blockade-Geschwader. Am 2. September landeten die ersten japanischen Trup-

Erinnerungsfoto der Überlebenden des Ostasiatischen Kreuzergeschwaders. (Foto: Bibliothek für Zeitgeschichte)

Selbst versenkte Schiffe im Hafen von Tsingtau. (Foto: Bundesarchiv / Bild 134-C1638 / CC-BY-SA 3.0)

pen, denen am 23. englische folgten. Die beiden noch fahr- und gefechtsbereiten deutschen Schiffe griffen mit ihrer Artillerie in die Landkämpfe ein. Ebenso der österreich-ungarische Kreuzer »Kaiserin Elisabeth«, der sich seit Ende Juli 1914 in Tsingtau aufhielt. Außerdem gelang es »S 90« am 17. Oktober, den japanischen Kreuzer »Takachiho« mit einem Torpedo zu versenken.

Am 7. November 1914 kapitulierte Tsingtau. Alle noch vorhandenen schwimmfähigen Schiffe wurden zuvor selbst versenkt. Rund 4500 deutsche Soldaten und Freiwillige hatten rund 63.000 angreifenden Japanern und Briten Widerstand geleistet.

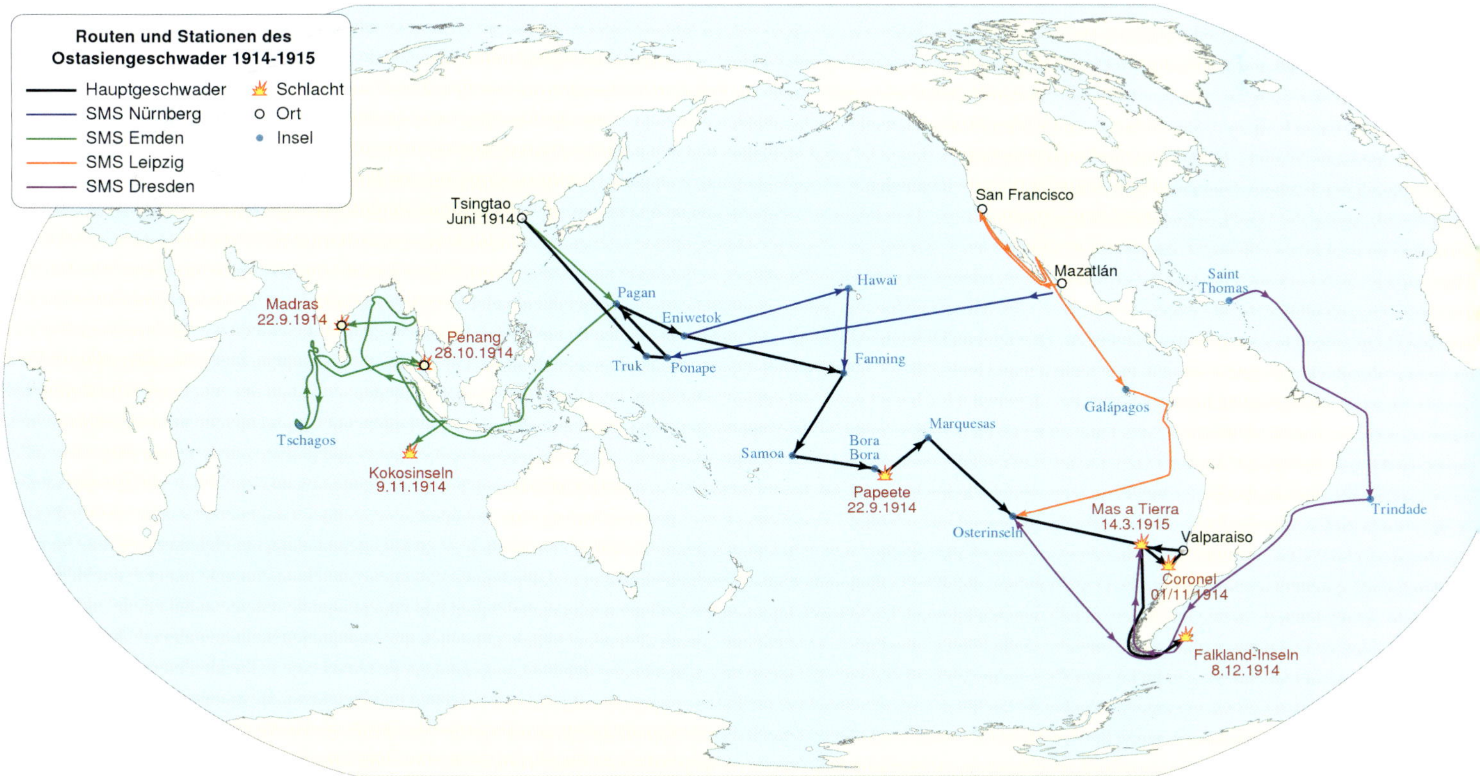

Die Wege des Ostasiatischen Kreuzergeschwaders und seiner detachierten Einheiten 1914 bis 1915. (Foto: Wikimedia / CC-BY-SA 3.0)

Kapitel 3

Die Schiffe des Ostasiatischen Kreuzergeschwaders sowie der Asiatischen und der Australischen Station von 1897 bis 1914

Kreuzerkorvette »Arcona«

Schiffstyp	Kreuzerkorvette
Bauwerft	Kaiserliche Werft, Danzig
Stapellauf	7. Mai 1885
Indienststellung	1. Dezember 1886
Verdrängung	2662 t
Länge x Breite x Tiefgang	81,20 x 12,60 x 6,25 m
Besatzungsstärke	282 Mann
Segelfläche	1134 m^2
Antrieb	2 x Dampfmaschine
Antriebsleistung	2461 PS
Wellen	1
Geschwindigkeit	14 kn
Fahrstrecke	4180 sm bei 8,5 kn
Bewaffnung	10 x 15-cm-Geschütz, 4 x 10,5-cm-Geschütz, 6 x 3,7-cm-Geschütz
Einsatz in Ostasien	Ostasiatische Kreuzerdivision: November 1894 bis Dezember 1897 Ostasiatisches Kreuzergeschwader: Dezember 1897 bis Januar 1899

Die Kreuzerkorvette »Arcona« war das letzte Schiff der aus sechs Einheiten bestehenden »Carola«-Klasse (»Carola, »Olga«, »Marie«, »Sophie«, »Alexandrine«, »Arcona«). Gebaut wurde die »Arcona« auf der Kaiserlichen Werft in Danzig, wo am 7. Mai 1885 der Stapellauf stattfand. Die Schiffstaufe erfolgte allerdings erst am 18. Mai. Das Schiff stellte zur Durchführung der Probefahrten am 1. Dezember 1886 in Dienst. Nach deren Ende kam am 28. Januar 1887 schon wieder die Außerdienststellung.

Die »Arcona« war ein Quer- und Längsspanten-Eisen-Stahlbau mit Holzplanken und Kupferbeschlag. Unter dem Maschinenraum des ungepanzerten und 2662 Tonnen verdrängenden Schiffes war ein Doppelboden vorhanden. Kessel und Maschinen waren lediglich durch die gefüllten Kohlebunker geschützt. Die »Arcona« war in elf wasserdichte Abteilungen unterteilt und hatte eine Schiffslänge von rund 81 Meter.

Die Kreuzerkorvette führte die Takelung einer Bark mit einer Segelfläche von 1134 Quadratmeter. Als weiterer Schiffsantrieb waren zwei Zweizylinder-Zweifach-Expansionsdampfmaschinen mit einer Gesamtleistung von 2461 PS vorhanden, die auf eine Welle wirkten und eine Geschwindigkeit von 14 Knoten ermöglichten. Die Bewaffnung der »Arcona« bestand aus insgesamt 14 Ringkanonen in den Kalibern 15 und 10,5 Zentimeter sowie sechs 3,7-cm-Revolverkanonen. Nach der Wiederindienststellung am 20. April 1892 sollte die »Arcona« nach Ostasien verlegen. Doch das Schiff, das am 4. Mai Wilhelmshaven verlassen hatte, kam zunächst zur Sicherung deutscher Interessen vor Venezuela zum Einsatz. Im

Der Kreuzer III. Klasse (zuvor Kreuzerkorvette) »Arcona« im Jahre 1897 als Ankerlieger vor Nagasaki. (Foto: Archiv Autor)

Oktober 1892 verlegte die Kreuzerkorvette über das Mittelmeer und Suezkanal nach Sansibar, zu dem dort befindlichen Ostafrikanischen Kreuzergeschwader und in Folge zu dem Fliegenden Kreuzergeschwader.

Nach dessen am 6. April 1893 in Kapstadt erfolgter Auflösung verlegte die »Arcona« zunächst nach Deutsch-Südwestafrika und trat Mitte Mai den Transit nach Südamerika an, um dort deutsche Interessen wahrzunehmen.

Am 7. Mai 1894 begann dann die Verlegung nach Ostasien. Der ausgebrochene Chinesisch-Japanische Krieg hatte die Aufstellung einer Kreuzerdivision zur Folge. Sturmschäden zwangen allerdings zum Anlaufen von Valparaiso, um Reparaturen durchzuführen.

Im Juli traf die »Arcona« vor Callao/Peru mit den Kreuzerkorvetten »Alexandrine« und »Marie« zusammen. Die in Peru ausgebrochene Revolution machte ein Verbleiben der drei Schiffe bis Mitte August erforderlich. Die »Arcona« verlegte dann anschließend weiter nach Ostasien. Nach Zwischenstation in Yokohama und Schanghai war sie ab November 1894 der Ostasiatischen Kreuzerdivision unterstellt.

In den Jahren 1895 bis 1897 folgten Fahrten im Verband und auch als Einzelschiff längs der chinesischen Küste, nach Japan und das Anlaufen von verschiedenen Häfen. Dabei kam es auch zu Entsendungen nach Manila/Philippinen.

Im November 1897 war die bereits 1893 in einen Kreuzer III. Klasse umklassifizierte »Arcona« an der Besetzung von Tsingtau beteiligt. Im Dezember wurde die Ostasiatische Kreuzerdivision in »Ostasiatisches Kreuzergeschwader« umbenannt. Diesem Verband gehört die »Arcona« bis Januar 1899 an. Am 31. Januar begann der Rückmarsch in die Heimat. Nach sieben Jahren Abwesenheit traf die »Arcona« über mehrere Zwischenstationen am 27. Mai 1899 in Wilhelmshaven ein. Das Schiff stellte dort am 6. Juni außer Dienst.

Es blieb zunächst in Reserve und wurde am 11. Januar 1902 in »Mercur« umbenannt. Danach kam es als Hafenschiff nach Danzig. »Mercur« ex »Arcona« wurde am 22. Juni 1905 aus der Liste der Kriegsschiffe gestrichen und anschließend abgewrackt.

Kleiner Kreuzer »Arcona«

Schiffstyp	Kleiner Kreuzer
Bauwerft	A.G. Weser, Bremen
Stapellauf	22. April 1902
Indienststellung	12. Mai 1903
Verdrängung	3180 t
Länge x Breite x Tiefgang	105,00 x 12,40 x 5,62 m
Besatzungsstärke	257 Mann
Antrieb	2 x Dampfmaschine
Antriebsleistung	8580 PS
Wellen	2
Geschwindigkeit	21,5 kn
Fahrstrecke	4400 sm bei 12 kn
Bewaffnung	10 x 10,5-cm-Geschütz, 10 x 3,7-cm-Geschütz, 2 x 45-cm-Torpedorohr
Einsatz in Ostasien	Ostasiatisches Kreuzergeschwader: Oktober 1907 bis Januar 1910

Der Kleine Kreuzer »Arcona« war eine Einheit der »Gazelle«-Klasse (siehe Kapitel »Gazelle«). Gebaut wurde das Schiff bei der A.G. Weser in Bremen. Der Stapellauf fand am 22. April 1902 statt. Rund ein Jahr später, am 12. Mai 1903, stellte die »Arcona« in Dienst.

Die schiffbauliche Auslegung, der Schiffsantrieb und die Bewaffnung der »Arcona« sind im Kapitel zur »Gazelle« beschrieben. Allerdings hatte die 105 Meter lange und 3180 Tonnen verdrängende »Arcona« zwei Dreizylinder-Dreifach-Expansionsdampfmaschinen mit zusammen 8580 PS. Damit erreichte sie eine Geschwindigkeit von 21,5 Knoten. Die Torpedobewaffnung war auf zwei 45-cm-Rohre reduziert.

Nach der Indienststellung und Absolvierung der Probefahrten kam der Kleine Kreuzer »Arcona« bei den Aufklärungsstreitkräften zum Einsatz und nahm an den üblichen Ausbildungs- und Manövervorhaben der Kaiserlichen Marine teil. Dabei führten zahlreiche Reisen das Schiff in das europäische Ausland.

Am 4. April 1907 schied der Kleine Kreuzer aus der aktiven Schlachtflotte aus und wurde für den Auslandsdienst hergerichtet. Unter anderem erhielt das Schiff den für den Auslandsdienst üblichen weißen Anstrich. Am 27. August 1907

Der Kleine Kreuzer »Arcona« läuft schwarz qualmend eine hohe Fahrtstufe. Die hier zu sehende Schreibweise des Namens mit »K« war nicht amtlich. (Foto: Deutscher Marinebund)

Der Kleine Kreuzer »Arcona« in weißem Anstrich als Auslandskreuzer. (Foto: Deutscher Marinebund)

begann die Ausreise über das Mittelmeer und den Suezkanal nach Ostasien. Mit dem Erreichen von Singapur wurde die »Arcona« Ende Oktober in den Verband des Ostasiatischen Kreuzergeschwaders eingegliedert. Auf Tsingtau abgestützt, kam sie im Kolonialdienst in chinesischen Gewässern und in den deutschen Schutzgebieten in der Südsee zum Einsatz. Anfang September 1909 verlegte der Kleine Kreuzer über Hawaii nach San Francisco und war Ende des Jahres wieder zurück in Tsingtau. Am 17. Januar 1910 trat die »Arcona« wieder via Suezkanal und Mittelmeer die Heimreise nach Deutschland an und erreichte am 24. März Wilhelmshaven. Bis 1913 erfolgten eine Grundreparatur und der Umbau zum Minenkreuzer. Als solcher kam die »Arcona« im Ersten Weltkrieg im Küstenschutz zum Einsatz. Bei Kriegsende musste das technisch veraltete Schiff nicht an die Alliierten abgegeben werden, wurde in die Reichsmarine übernommen und nach Rückbau weiter als Flottenkreuzer verwendet. Ab Dezember 1923 kam es in die Reserve. Die Streichung aus der Liste der Kriegsschiffe erfolgte am 15. Januar 1930. Die »Arcona« verblieb als Wohnschiff in Wilhelmshaven. Im Zweiten Weltkrieg kam es 1940 zum Umbau zu einer schwimmenden Flak-Batterie. Am 3. Mai 1945 wurde der ehemalige Kleine Kreuzer »Arcona« in der II. Einfahrt von Wilhelmshaven selbst versenkt. Abbruch und Verschrottung fanden in den Jahren 1948/1949 statt.

Der Kleiner Kreuzer »Arcona« in seinem Aussehen als Flottenkreuzer Anfang der 1920er Jahre. Man beachte den umgebauten Bug. (Foto: Bundesarchiv / Bild 102-08181 / CC-BY-SA 3.0)

Linienschiff »Brandenburg«

Schiffstyp	Linienschiff
Bauwerft	A.G. Vulcan, Stettin
Stapellauf	21. September 1891
Indienststellung	19. November 1893
Verdrängung	10.670 t
Länge x Breite x Tiefgang	115,70 x 19,50 x 7,90 m
Besatzungsstärke	568 Mann
Antrieb	2 x Dampfmaschine
Antriebsleistung	9997 PS
Wellen	2
Geschwindigkeit	16,5 kn
Fahrstrecke	4300 sm bei 10 kn
Bewaffnung	6 x 28-cm-Geschütz, 6 x 10,5-cm-Geschütz, 8 x 8,8-cm-Geschütz, 6 x 3,7-cm-Geschütz, 6 x 45-cm-Torpedorohr
Einsatz in Ostasien	Ostasiatisches Kreuzergeschwader: August 1900 bis Juni 1901

Die vier Panzerschiffe I. Klasse der »Brandenburg«-Klasse (»Brandenburg«, »Kurfürst Friedrich Wilhelm«, »Weißenburg«, »Wörth«) waren der schiffbauliche Höhepunkt des deutschen Panzerschiffbaues und für ihre Zeit eine bedeutende technische Entwicklung. Mit ihnen begann eine neue Epoche im deutschen Marineschiffbau. Sie bildeten den Grundstock für die künftige Hochseeflotte und waren sozusagen für das Deutsche Reich der erste Schritt auf die maritime Weltbühne und in die Reihe der großen Seemächte.

Die später am 27. Februar 1899 im Zusammenhang mit der Verabschiedung des 1. Flottengesetzes in Linienschiffe umklassifizierten Einheiten liefen in den Jahren 1891 und 1892 vom Stapel. Entgegen der ursprünglichen Absicht kam jedoch das vorgesehene zweite Schiffe der Klasse, die »Kurfürst Friedrich Wilhelm«, rund drei Monate früher als das eigentliche Typschiff zu Wasser. Hinsichtlich der Klassenbezeichnung, die üblicherweise nach dem ersten vom Stapel gelaufenen Schiff vergeben wird, blieb es jedoch bei der »Brandenburg«-Klasse.

Die »Brandenburg« wurde auf der A.G. Vulcan in Stettin gebaut. Dort lief sie am 21. September 1891 vom Stapel. Zwei Jahre später stellte das Schiff am 19. November 1893 in Dienst.

Die Stahlrümpfe waren in Quer- und Längsspanten-Bauwei-

Linienschiff »Brandenburg«. (Foto: Archiv Autor)

Die Linienschiffe »Brandenburg« (Vordergrund) und »Weißenburg« (rechts im Bild) liefen im Juli 1900 während des Transits nach Ostasien den Hafen von Port Said an. (Foto: Archiv Autor)

se gefertigt und in 13 wasserdichte Abteilungen unterteilt. Die Linienschiffe hatten einen Gürtelpanzer von 300 bis 400 Millimeter Stärke. Im Unterwasserschiff betrug dieser nur 200 Millimeter. Das Panzerdeck hatte eine Stärke von 60 Millimeter. Bei rund 116 Meter Länge verdrängten die Linienschiffe 10.670 Tonnen. Für die damalige Zeit war die gute Ventilation in den Innenräumen innovativ.

Die beiden Dreizylinder-Dreifach-Expansionsdampfmaschinen wirkten auf je eine Welle. Sie wurden durch zwölf Kessel mit Dampf versorgt. Der Kohleverbrauch war groß und die Zwei-Schornstein-Schiffe mussten deshalb jede sich bietende Gelegenheit zum Nachbunkern nutzen. Die Linienschiffe erreichten mit ihrer rund 10.000 PS starken Maschinenanlage eine Geschwindigkeit von 16,5 Knoten.

Die sechs 28-cm-Geschütze der Schweren Artillerie waren für ihre Zeit schon recht modern, aber noch keine Schnellladekanonen, sondern noch Mantelringkanonen. Aufgestellt waren sie in drei Zwillingstürmen auf der Back, auf dem Mittelschiff und auf der Schanz. Als Mittlere Artillerie waren sechs 10,5-cm-Schnellladekanonen in Kasemattenaufstellung vorhanden. Sie waren beidseitig angeordnet. Zur Abwehr von Torpedobooten befanden sich als Leichte Artillerie acht 8,8-cm-Schnellladekanonen an Bord. Sechs an Oberdeck frei aufgestellte 3,7-cm-Maschinenkanonen ergänzten die Rohrbewaffnung der »Brandenburg«-Klasse. Am Bug sowie an den beiden Seiten kamen jeweils zwei 45-cm-Torpedorohre zur Einrüstung.

Die »Brandenburg« und ihre drei Schwesterschiffe nahmen an dem üblichen Ausbildungs- und Manövervorhaben der Kaiserlichen Marine teil. Außerdem besuchten sie in zahlreichen Reisen das europäische Ausland.

Um im Rahmen der internationalen Aktivitäten während des Boxeraufstandes in China deutsche Interessen zu vertreten, verlegten im Juli 1900 die vier Linienschiffe als Teil und Ergänzung des deutschen Expeditionskorps nach Ostasien. Der Kleine Kreuzer »Hela« wurde dem Verband als Aviso zugeteilt.

Der Einsatz dieser sogenannten Detachierten Division war selbst in höchsten Marinekreisen sehr umstritten, aber Kaiser Wilhelm II setzte sich über jegliche Kritik hinweg und ordnete die Durchführung an. Die Reichsregierung wollte eine möglichst starke deutsche Präsenz in der Auseinandersetzung mit China erreichen.

Der Einsatzbefehl wurde am 4. Juli 1900 erteilt. Schon am 11. Juli verließen die Schiffe Wilhelmshaven in Richtung Ostasien. Damit lief zum ersten Mal ein geschlossener deutscher Linienschiffsverband nach Übersee aus. Die Reise ging recht zügig vonstatten. Schon am 19. August wurde Singapur erreicht und am 28. August Hongkong. Mit diesem Datum unterstanden die Einheiten dem Ostasiatischen Kreuzergeschwader.

Das Linienschiff »Brandenburg« übernahm die Überwachung des Mündungsgebietes vom Jangtsekiang und beteiligte sich an Überwachungsoperationen im Gelben Meer. Im Januar/Februar 1901 war das Schiff zur Überholung in Hongkong und verlegte dann nach Tsingtau. Ende Mai, als das Linienschiff wieder vor dem Jangtsekiang operierte, erhielt es am 26. Mai den Rückmarschbefehl nach Deutschland. Am 1. Juni traten die vier Linienschiffe von Schanghai aus die Heimreise an. Sie erreichten am 11. August 1901 Wilhelmshaven.

Im Zeitraum von 1901 bis 1905 durchliefen alle vier Schiffe der »Brandenburg«-Klasse auf der Kaiserlichen Werft in Wilhelmshaven ein Umbauprogramm. Bereits vor der Ausreise nach Ostasien hatten die Schiffe als erste der Kaiserlichen Marine eine Funkausrüstung eingebaut bekommen. Nun wa-

Das Linienschiff »Brandenburg« als Ankerlieger. Im Großtopp ist die Kaiserstandarte und im Vortopp ist die Flagge Brandenburgs gesetzt. (Foto: Archiv Autor)

ren die Entholzung der Einheiten, die Erneuerung der Kesselanlagen, die Vergrößerung der Kohlebunker und die Verstärkung der Mittleren Artillerie auf acht 10,5-cm-Geschütze sowie die Umrüstung der Torpedowaffe Arbeitspunkte der Modernisierungsmaßnahme. Nach dem Umbau waren die Linienschiffe wieder im Flottendienst aktiv, aber auch häufig in Reserve.

Die »Brandenburg« kam, wenn auch technisch veraltet, nach dem Kriegsausbruch nochmals in den aktiven Dienst. Es folgte ein kurzzeitiger Einsatz im Küstenschutz in der Nordsee. Am 20. Dezember 1915 wurde das Schiff endgültig außer Dienst gestellt und diente dann nur noch als Wohnschiff. Am 13. Mai 1919 erfolgte die Streichung aus der Liste der Kriegsschiffe und 1920 das Abwracken.

Kleiner Kreuzer »Bussard«

Schiffstyp	Kleiner Kreuzer
Bauwerft	Kaiserliche Werft, Danzig
Stapellauf	23. Januar 1890
Indienststellung	7. Oktober 1890
Verdrängung	1868 t
Länge x Breite x Tiefgang	82,60 x 12,50 x 5,63 m
Besatzungsstärke	161 Mann
Segelfläche	860/600 m^2
Antrieb	2 x Dampfmaschine
Antriebsleistung	2806 PS
Wellen	2
Geschwindigkeit	15,5 kn
Fahrstrecke	2880 sm bei 9 kn
Bewaffnung	8 x 10,5-cm-Geschütz, 2 x 35-cm-Torpedorohr
Einsatz in Ostasien	Australische Station: Dezember 1891 bis November 1898 Ostasiatisches Kreuzergeschwader: September 1900 bis April 1904

Der Kleine Kreuzer »Bussard« war das Typschiff einer Klasse von sechs Einheiten (»Bussard«, »Falke«, »Seeadler«, »Condor«, »Cormoran«, »Geier«). Zunächst waren die für den Auslandsdienst bestimmten Schiffe bis 1899 als Kreuzer IV. Klasse klassifiziert. In den Jahren 1913 und 1914 wurden »Condor« und »Seeadler« zum Kanonenboot herabgestuft.
Hintergrund des Baues der »Bussard«-Klasse in der ersten Hälfte der 1890er Jahre war der wirtschaftliche Aufschwung des Deutschen Reiches. Die damit einhergehenden und sich weltweit ausdehnenden Handelsbeziehungen machten es in den Augen der Marineleitung notwendig für die Wahrung der politischen und wirtschaftlichen Interessen zügig Kriegsschiffe in überseeischen Gewässern zu stationieren.
Der Kleine Kreuzer »Bussard« entstand auf der Kaiserlichen Werft in Danzig. Er lief dort am 23. Januar 1890 vom Stapel und stellte als Kreuzer IV. Klasse am 7. Oktober 1890 in Dienst, um die Erprobungsfahrten durchzuführen.
Die »Bussard« war ein Querspanten-Stahlbau mit zehn wasserdichten Abteilungen. Das Schiff verdrängte 1868 Tonnen und hatte eine Länge von 82,60 Meter. Für die damalige Zeit galten die elektrische Ausrüstung und der Scheinwerfer als innovativ.
Auf dem Kleinen Kreuzer »Bussard« war noch eine Hilfsbesegelung vorhanden. Zunächst war er, wie auch die fünf Schwesterschiffe, als Schonerbark und später als Toppsegelschoner getakelt. Die Schiffe führten dabei rund 860 beziehungsweise 600 Quadratmeter an Segelfläche.
Der Schiffsantrieb bestand aus zwei Dreizylinder-Dreifach-Expansionsdampfmaschinen mit zusammen 2806 PS Leistung, die jeweils auf eine Welle wirkten. Damit war eine Geschwindigkeit von 15,5 Knoten möglich.
Die eingerüstete Artillerie bestand aus acht 10,5-cm-Geschützen. Bei der »Bussard« waren das noch Ringkanonen; bei den Schwesterschiffen dann Schnellladekanonen. Zwei 35-cm-Torpedorohre ergänzten die Bewaffnung. Das letzte Schiff der Klasse, die »Geier«, hatte zwei 45-cm-Torpedorohre eingerüstet.
Die am 1. Mai 1891 erneut in Dienst gestellte »Bussard« trat nach einer Besichtigung durch Kaiser Wilhelm II am 15. August 1891 die Ausreise in die deutschen Schutzgebiete in der Südsee an und erreichte am 31. Dezember Apia auf Samoa. Bis August 1892 war die »Bussard« in den Schutzgebieten unterwegs, verlegte anschließend zu Überholungsarbeiten nach Sydney und ging anschließend wieder zurück nach Samoa. In den folgenden Jahren stand der damals in den Südseegebieten übliche Kolonialdienst auf dem Fahrprogramm.
Diese Tätigkeit war häufig durch Polizei- und Bestrafungsaktionen sowie Kampfhandlungen gekennzeichnet. Insbesondere in den Schutzgebieten der Südsee kam es häufig zu lokalen Unruhen und Aufständen. Weiterhin wurden Vermes-

Der Kleine Kreuzer »Bussard« im Hafen von Daressalam in Deutsch-Ostafrika. (Foto: Kurt von Schleinitz)

sungsarbeiten in den Seegebieten durchgeführt. Außerdem hielten die USA und Großbritannien ein wachsames Auge auf die Tätigkeiten der sich in der Region aufhaltenden deutschen Kriegsschiffe. Es galt also in vielerlei Hinsicht Flagge zu zeigen. Für notwendige Schiffsreparaturen und Überholungsarbeiten stützte sich die »Bussard« mehrmals auf Sydney ab.

Am 18. November 1898 verließ der Kleine Kreuzer »Bussard« – zu diesem Zeitpunkt noch als Kreuzer IV. Klasse bezeichnet – die Australische Station und trat die Heimreise an. Nach einem in die Verlegungsfahrt eingeschobenen Einsatz vor Marokko erreichte der Kreuzer am 9. April 1899 Kiel und stellte am 20. April in Danzig außer Dienst. Es folgten eine Grundüberholung und Umbauarbeiten. Unter anderem wurde dabei die Takelung geändert und die Segelfläche reduziert.

Nach diesen Arbeiten war eigentlich eine Verwendung als Stationär in Ostafrika vorgesehen. Doch die Unruhen in China zwangen zu einer Änderung. Am 10. Juli 1900 verließ der Kleine Kreuzer »Bussard« Kiel, um mit den vier Linienschiffen der »Brandenburg«-Klasse nach Ostasien zu verlegen. Mit dem Erreichen von Singapur erfolgte am 4. September 1900 die Unterstellung unter das Ostasiatische Kreuzergeschwader.

Der auf Tsingtau abgestützte Kleine Kreuzer »Bussard« kam bei der Überwachung der chinesischen Gewässer zum Einsatz, was, gelegentlich von verschiedenen Reisen in die Südsee und anderweitigen Hafenbesuchen unterbrochen, bis April 1904 dauerte.

Am 26. April verließ die »Bussard« Tsingtau und verlegte nach Daressalam in Deutsch-Ostafrika. Auf der Ostafrikanischen Station verblieb der Kleine Kreuzer bis in das Jahr 1909. Am 14. Dezember verließ er Daressalam, erreichte nach zehn Jahren Abwesenheit am 26. Februar 1910 Kiel und stellte am 12. März außer Dienst. Am 25. Oktober 1912 erfolgte die Streichung aus der Liste der Kriegsschiffe und im Folgejahr das Abwracken des Schiffes.

Kleiner Kreuzer »Condor«

Schiffstyp	Kleiner Kreuzer
Bauwerft	Blohm+Voss, Hamburg
Stapellauf	23. Februar 1892
Indienststellung	9. Dezember 1892
Verdrängung	1864 t
Länge x Breite x Tiefgang	82,60 x 12,70 x 5,35 m
Besatzungsstärke	161 Mann
Segelfläche	860/600 m^2
Antrieb	2 x Dampfmaschine
Antriebsleistung	2881 PS
Wellen	2
Geschwindigkeit	16 kn
Fahrstrecke	3040 sm bei 9 kn
Bewaffnung	8 x 10,5-cm-Geschütz, 2 x 35-cm-Torpedorohr
Einsatz in Ostasien	Australische Station: Juni 1903 bis November 1913

Der Kleine Kreuzer »Condor« wurde als vierter Kreuzer der »Bussard«-Klasse (siehe Kapitel »Bussard«) auf der Hamburger Werft Blohm+Voss gebaut. Er war das erste Marineschiff, das auf dieser Werft entstand. Es lief am 23. Februar 1892 vom Stapel. Das Schiff stellte am 9. Dezember 1892 in Dienst und ging, wie auch die Schwesterschiffe, nach den Probefahrten wieder außer Dienst.

Die schiffbauliche und technische Auslegung sowie die Bewaffnung sind im Kapitel zur »Bussard« behandelt. Davon abweichende Daten sind oben in der Tabelle zu finden.

Eine Wiederindienststellung des Kleinen Kreuzers »Condor« erfolgte erst am 2. Oktober 1894. Das Schiff war für die Ostafrikanische Station vorgesehen. Der dortige Einsatz währte bis zum Januar 1901.

Nach der Rückkehr folgten Reparaturarbeiten, zu denen das Schiff bis zum 1. April 1903 außer Dienst ging. Danach verlegte der Kleine Kreuzer »Condor« auf die Australische Station. Er traf am 26. Juni 1903 in Singapur ein. Bis Ende 1913 war das Schiff in der Südsee im Einsatz. Das Stationsgebiet umfasste die australischen Gewässer sowie die gesamte polynesische, melanesische und mikronesische Inselwelt.

Insbesondere in den dortigen Schutzgebieten kam es häufig zu lokalen Unruhen und Aufständen. Die Stationstätigkeit war somit häufig durch Polizei- und Bestrafungsaktionen sowie durch Kampfhandlungen bei ausgebrochenen Unruhen gekennzeichnet.

Der Kleine Kreuzer »Condor« besuchte aber auch ausländische Häfen wie zum Beispiel Honolulu und ließ in Sydney wie auch in Tsingtau Wartungsarbeiten durchführen. Außerdem standen Küstenvermessungen auf dem Fahrprogramm des Schiffes.

Im Mai 1913 wurden während einer Grundüberholung in

Kleiner Kreuzer »Condor«. (Foto: Archiv Autor)

Tsingtau starke Abnutzungserscheinungen am Schiffskörper der bereits im Januar in der Klassifizierung zum Kanonenboot zurückgestuften »Condor« festgestellt. Als Folge kam im November für das Schiff der Rückmarschbefehl in die Heimat. Am 30. März 1914 stellte das Kanonenboot »Condor« in Danzig außer Dienst. Ab 1916 fand es nochmals als Minenhulk Verwendung, um dann am 8. April 1921 aus der Liste der Kriegsschiffe gestrichen zu werden. Anschließend folgte die Verschrottung des Schiffes.

Kleiner Kreuzer »Cormoran«

Schiffstyp	Kleiner Kreuzer
Bauwerft	Kaiserliche Werft, Danzig
Stapellauf	17. Mai 1892
Indienststellung	25. Juli 1893
Verdrängung	1887 t
Länge x Breite x Tiefgang	82,60 x 12,70 x 5,35 m
Besatzungsstärke	161 Mann
Segelfläche	860/600 m^2
Antrieb	2 x Dampfmaschine
Antriebsleistung	2857 PS
Wellen	2
Geschwindigkeit	16 kn
Fahrstrecke	3040 sm bei 9 kn
Bewaffnung	8 x 10,5-cm-Geschütz, 2 x 35-cm-Torpedorohr
Einsatz in Ostasien	Ostasiatische Kreuzerdivision: September 1895 bis November 1897 Ostasiatisches Kreuzergeschwader: November 1897 bis März 1899 Australische Station: März 1899 bis Mai 1903 Australische Station: August 1909 bis August 1914

Der Kleine Kreuzer »Cormoran« bei einer Werftüberholung im Dock. (Foto: Archiv Autor)

Der Kleine Kreuzer »Cormoran« war die fünfte Einheit der »Bussard«-Klasse (siehe Kapitel »Bussard«) und zugleich das dritte der Bauserie, das auf der Kaiserlichen Werft in Danzig gebaut wurde. Der Stapellauf erfolgte im Beisein von Kaiser Wilhelm II am 17. Mai 1892. Die Indienststellung zögerte sich dann bis zum 25. Juli 1893 hinaus. Das war eine halbjährige Verspätung gegenüber dem ursprünglich vorgesehenen Termin.

Die schiffbauliche und technische Auslegung sowie die Bewaffnung sind im Kapitel zur »Bussard« behandelt. Davon abweichende Daten sind oben in der Tabelle eingearbeitet.

Auf die Indienststellung folgten die Erprobungen des Schiffes und anschließend, wie es auch bei den Schwesterschiffen der Fall war, die Außerdienststellung. Zusammen mit dem Kleinen Kreuzer »Condor« stellte die »Cormoran« am 2. Oktober 1894 erneut in Dienst. Am 16. Oktober traten beide Schiffe die Ausreise nach Ostafrika an. Auf der Ostafrikanischen Station blieb die »Cormoran« bis zum August 1895. Danach verlegte sie von dort über mehrere Zwischenhäfen nach Ostasien.

Mit dem Erreichen von Singapur wurde der Kleine Kreuzer am 13. September in die Ostasiatische Kreuzerdivision eingegliedert. Er kam in den chinesischen Gewässern zum Einsatz und war im November 1897 an der Besetzung von Tsingtau beteiligt.

Ab März 1899 verlegte die »Cormoran«, mittlerweile dem neu aufgestellten Ostasiatischen Kreuzergeschwader angehörend, auf die Australische Station in die Südsee. In Apia/Samoa traf das Schiff am 17. Juni ein und löste dort den bisherigen Stationär, das Schwesterschiff »Falke«, ab. Der Kolonialdienst endete für den Kleinen Kreuzer mit dem Rückmarschbefehl vom 23. Mai 1903. Am 13. September erreichte das Schiff Kiel und ging am 26. September in Danzig außer Dienst.

Ab dem Jahre 1907 erfolgten eine Grundüberholung, Modernisierung und Umtakelung. Diesen Arbeiten schloss sich am 1. Mai 1909 die Wiederindienststellung und bald darauf die erneute Ausreise zur Australischen Station an.

Der im Sommer 1909 wieder beginnende Kolonialdienst in der Südsee dauerte bis Mai 1914. Er war geprägt von den üblichen Befriedungsaktionen in dem unruhigen Kolonialgebiet sowie von Rundreisen und Hafenbesuchen wie auch

Kleiner Kreuzer »Cormoran«. (Fotos: Bibliothek für Zeitgeschichte)

Werftinstandsetzungen in Sydney. Auch Vermessungsreisen standen gelegentlich auf dem Fahrprogramm. Am 24. Februar 1913 wurde die »Cormoran« in ihrer Klassifizierung zu einem Kanonenboot zurückgestuft.
Während der Spannungszeit im Sommer 1914 befand sich das Kanonenboot »Cormoran« zu einer Grundüberholung in Tsingtau. Auf Grund der Kriegsereignisse konnte diese nicht mehr beendet werden. Am 6. August 1914 stellte das Schiff außer Dienst und die Besatzung übernahm den vom Kleinen Kreuzer »Emden« als Prise eingebrachten Dampfer »Rjäsan«, der zum Hilfskreuzer »Cormoran« umfunktioniert wurde. Auch die Bewaffnung des Kanonenbootes »Cormoran« kam auf dem Hilfskreuzer zum Einbau. Der abgerüstete Rumpf wurde am 28. September 1914 in Tsingtau versenkt.

Hilfskreuzer »Cormoran«

Schiffstyp	Hilfskreuzer
Bauwerft	Schichau Werft, Elbing
Stapellauf	März 1909
Indienststellungen	30. November 1909 (Handelsschiff), 7. August 1914 (Hilfskreuzer)
Vermessung	3522 BRT
Länge x Breite x Tiefgang	104,00 x 13,70 x 5,80 m
Besatzungsstärke	356 Mann
Antrieb	1 x Dampfmaschine
Antriebsleistung	4750 PS
Wellen	1
Geschwindigkeit	15 kn
Fahrstrecke	13.500 sm bei 14 kn
Bewaffnung	8 x 10,5-cm-Geschütz
Einsatz in Ostasien	Ostasiatisches Kreuzergeschwader: August 1914 bis Dezember 1914

Nach Ausbruch des Ersten Weltkriegs wurde der sich zu diesem Zeitpunkt in Tsingtau befindende Kleine Kreuzer »Emden« aus dem Verband des Ostasiatischen Kreuzergeschwaders zur Durchführung von Handelskrieg entlassen. Schon am 4. August 1914 gelang es der »Emden« in der Korea-Straße (Tsushimastraße) den russischen Passagier- und Frachtdampfer »Rjäsan« als Prise zu nehmen und nach Tsingtau einzubringen, was am 6. August gelang.

Hier wurde das Schiff, das in Deutschland auf der Schichau Werft in Elbing gebaut worden war und dort im März 1909 vom Stapel lief, zum Hilfskreuzer hergerichtet. Am 7. August 1914 stellte die eingebrachte Prise als Hilfskreuzer »Cormoran« in Dienst.

Der Hilfskreuzer »Cormoran« war mit 3522 BRT vermessen und hatte eine Schiffslänge von 104,00 Meter. Der Antrieb erfolgte durch eine Dreizylinder-Dreifach-Expansionsdampfmaschine, die eine Leistung von 4750 PS aufwies und eine Geschwindigkeit von 15 Knoten ermöglichte.

Das Schiff erhielt eine Bewaffnung von acht 10,5-cm-Geschützen. Diese stammten, genau wie die mit Freiwilligen verstärkte Besatzung, von dem in Tsingtau liegenden und nicht mehr kriegstauglichen ehemaligen Kleinen Kreuzer »Cormoran«, der bereits 1913 zum Kanonenboot herabgestuft worden war und nun außer Dienst ging.

Schon am 10. August 1914 verließ der Hilfskreuzer »Cormoran« Tsingtau und stieß im Majuro-Atoll auf den Marschallinseln am 27. August zum Ostasiatischen Kreuzergeschwader. Vom Geschwader wurde die »Cormoran« zur Handelskriegführung entlassen. Allerdings hatte der Hilfskreuzer keine Erfolge. Seine Operationen waren durch permanenten Kohlemangel belastet. Der Nachschub an Kohle konnte nur spärlich aus Häfen der deutschen Schutzgebiete in der Südsee und durch deutsche Handelsschiffe sichergestellt werden.

Am 14. Dezember 1914 lief der Hilfskreuzer »Cormoran« in den Hafen der amerikanischen Marianen-Insel Guam ein und ließ sich dort internieren. Bei Kriegseintritt der USA versenkte die Besatzung am 7. April 1917 ihr Schiff selbst, um die geforderte Übergabe des Hilfskreuzers zu verhindern und ging anschließend in Gefangenschaft.

Hilfskreuzer »Cormoran«. (Foto: Bibliothek für Zeitgeschichte)

Großer Kreuzer »Deutschland«

Die beim Schwesterschiff, dem Großen Kreuzer »Kaiser«, gemachten Aussagen zur Baugeschichte, zur schiffbaulichen Auslegung und zu den technischen Angaben gelten im Wesentlichen auch für den Großen Kreuzer »Deutschland«. Davon abweichende Daten sind in der nachfolgenden Tabelle zu finden.

Die zuletzt auf der »Deutschland« vorhandene Bewaffnung bestand abweichend zur »Kaiser« aus acht 26-cm-Ringkanonen, acht 15-cm-Schnellladekanonen, acht 8,8-cm-Schnellladekanonen und zwölf 3,7-cm-Maschinenkanonen.

Der Große Kreuzer »Deutschland« lief als Panzerfregatte am 12. September 1874 auf der Werft Samuda Brothers in London vom Stapel. Im Juli 1875 fanden die Erprobungsfahrten statt. Am 7. August setzte das Schiff zum ersten Mal die deutsche Flagge und verlegte am 17. August nach Wilhelmshaven.

Zwei Tage später rammte die »Deutschland« beim Einlaufen in den Hafen ein Schiff und musste in Folge zur Beseitigung der Schäden außer Dienst gehen. Wegen der Lieferverzögerung bei den Geschützen, deren Einrüstung in Wilhelmshaven geschehen sollte, konnte die »Deutschland« erst am 1. April 1876 wieder erneut Flagge und Wimpel setzen.

Die »Deutschland« war nach ihrer Indienststellung bis zum Oktober 1894 in den damals üblichen Flottendienst integriert. Mehrmals stellte das Schiff auch zwischenzeitlich außer Dienst. In den Jahren 1894 bis 1897 erfolgte ein Umbau auf der Kaiserlichen Werft in Wilhelmshaven mit dem Ziel der

Schiffstyp	Großer Kreuzer
Bauwerft	Samuda Brothers, London, Großbritannien
Stapellauf	12. September 1874
Indienststellung	7. August 1875
Verdrängung	8736 t
Länge x Breite x Tiefgang	89,34 x 19,10 x 7,65 m
Besatzungsstärke	600 Mann
Segelfläche	1623 m^2
Antrieb	1 x Dampfmaschine
Antriebsleistung	5637 PS
Wellen	1
Geschwindigkeit	14,5 kn
Fahrstrecke	3200 sm bei 10 kn
Bewaffnung	siehe Text
Einsatz in Ostasien	Ostasiatisches Kreuzergeschwader: Mai 1898 bis Januar 1900

Der Große Kreuzer »Deutschland« bei einem Dockaufenthalt in Tsingtau. (Foto: Bibliothek für Zeitgeschichte)

Umwandlung in einen gepanzerten Großen Kreuzer. Ferner wurde die Takelage entfernt und die Kessel durch modernere Fabrikate ausgetauscht. Die Bestückung mit Geschützen wurde wie oben angegeben modernisiert. Außerdem erhielt der Große Kreuzer eine zweite Brücke und wurde zum Führungsschiff ausgerüstet.

Am 2. Dezember 1897 stellte die »Deutschland« erneut in Dienst. Sie wurde Flaggschiff der unter dem Kommando von Konteradmiral Prinz Heinrich von Preußen, dem Bru-

Panzerfregatte »Deutschland«. (Foto: Bibliothek für Zeitgeschichte)

der von Kaiser Wilhelm II, stehenden II. Kreuzerdivision, die nach Ostasien bestimmt war. Zusammen mit der dort schon bestehenden Ostasiatischen Kreuzerdivision sollte sie das Ostasiatische Kreuzergeschwader bilden. Am 16. Dezember begann die Ausreise des Verbandes, der aus dem Großen Kreuzer »Deutschland« und dem Kleinen Kreuzer »Gefion« bestand, nach Fernost. Beim Transit hatte die »Deutschland« mehrmals Maschinenstörungen und musste von der »Gefion« geschleppt werden. Außerdem war eine Dockung in Hongkong erforderlich geworden. Erst am 5. Mai 1898 stieß die II. Kreuzerdivision in Tsingtau zum Ostasiatischen Kreuzergeschwader.

In Ostasien begann für die »Deutschland« der übliche Kolonialdienst. Sowohl im Verband als auch als Einzelfahrer war das Schiff in chinesischen Gewässern und im Stationsgebiet unterwegs. Im April 1899 übernahm Prinz Heinrich auch den Oberbefehl über das Ostasiatische Kreuzergeschwader. Die »Deutschland« wurde nun Flaggschiff des Verbandes. Die Kreuzfahrten im Verband wie auch einzeln wurden fortgesetzt. Für die »Deutschland« standen im November in Hongkong Reparaturarbeiten an.

Am 4. Januar 1900 erfolgte in Singapur die Ablösung von Prinz Heinrich als Geschwaderchef. Während er selbst mit einem Passagierdampfer die Heimreise antrat, verließ der Große Kreuzer »Deutschland« noch am gleichen Tag Singapur und erreichte am 9. März 1900 Kiel.

Es folgte, wie bei so langen Auslandsreisen damals üblich, die Außerdienststellung. Eine erneut vorgesehene Entsendung nach Ostasien konnte auf Grund des schlechten baulichen Zustandes der »Deutschland« nicht verwirklicht werden.

Am 3. Mai 1904 wurde der bislang als Hafenschiff weiter genutzte Große Kreuzer aus der Liste der Kriegsschiffe gestrichen. Am 22. November 1904 kam es zur Umbenennung in »Jupiter«, da der Name »Deutschland« für ein neues Linienschiff vorgesehen war. Ab dem Jahr 1907 diente die »Jupiter« der übrigen Flotte als Zielschiff für Schießübungen. Im Folgejahr wurde sie zum Abwracken verkauft.

Kleiner Kreuzer »Dresden«

Der Kleine Kreuzer »Dresden« wurde auf der Hamburger Werft Blohm+Voss gebaut. Hier lief er am 5. Oktober 1907 vom Stapel. Dreizehn Monate später stellte das Schiff am 14. November 1908 in Dienst. Mit dem Kleinen Kreuzer »Emden« hatte die »Dresden« ein Schwesterschiff.
Die »Dresden« war als Quer- und Längsspanten-Stahlbau gefertigt. Der Schiffsrumpf war in 13 wasserdichte Abteilungen unterteilt. Das Panzerdeck hatte eine Stärke von 50 bis 80 Millimeter. Sie war ein gutes Seeschiff mit sehr guten Dreh- und Manövriereigenschaften. Allerdings schlingerte der 118,30 Meter lange und 4268 Tonnen verdrängende Kleine Kreuzer stark und war bei hoher Fahrt sehr nass. Drei Schornsteine bestimmten die Schiffssilhouette.
Die Maschinenanlage bestand auf der »Dresden« aus zwei Sätzen Dampfturbinen, die ihre Gesamtleistung von 18.880 PS über vier Wellen abgaben. Die mit diesem modernen Antrieb erreichbare Geschwindigkeit betrug 25 Knoten.
Die Rohrbewaffnung des Kleinen Kreuzers setzte sich aus zehn mit Schutzschilden versehenen 10,5-cm-Geschützen und aus acht 5,2-cm-Geschützen zusammen. Weiterhin waren zwei 45-cm-Torpedorohre an Bord eingerüstet.
Der Kleine Kreuzer »Dresden« verweilte nach seiner Indienststellung zunächst im normalen Flottendienst der Kaiserlichen Marine, bevor er Anfang 1913 für einige Monate in das Mittelmeer detachiert wurde. Nach kurzem Heimataufenthalt verlegte das Schiff Ende Dezember 1913 in Richtung Karibik sowie nach Mexiko, wo Unruhen ausgebrochen waren. Das vom Kriegsausbruch überraschte Schiff führte von Anfang August bis Mitte September im Südatlantik Handelskrieg. Insgesamt konnte die »Dresden« in diesem Seegebiet vier Schiffe aufbringen und versenken.
Anschließend verlegte die »Dresden« durch die Magellanstraße in den Pazifik, um dort weiter Handelskrieg zu führen, wozu es jedoch nicht mehr kam. Stattdessen erfolgte am 12. Oktober die Vereinigung mit dem vor Südamerika operierenden Ostasiatischen Kreuzergeschwader.
Der Kleine Kreuzer »Dresden« nahm an den Seegefechten bei Coronel und den Falkland-Inseln teil, wo sie als einziges Schiff entkommen konnte. Der dann erneut geplante Handelskrieg im Pazifik scheiterte aus logistischen Gründen an der Kohleversorgung sowie am schlechten technischen Zustand des Schiffes. Der Kleine Kreuzer hielt sich im Januar/Februar 1915 vielmehr in der Inselwelt von Feuerland auf und entzog sich so dem englischen Zugriff.
In den neutralen chilenischen Gewässern der Insel Mas a Tierra (heute: Isla Robinson Crusoe) wurde der Kleine Kreuzer dann aber am 14. März 1915 von den englischen Kreuzern »Kent« und »Glasgow« sowie dem Hilfskreuzer »Orama« gestellt, völkerrechtswidrig angriffen und kampfunfähig

Schiffstyp	Kleiner Kreuzer
Bauwerft	Blohm+Voss, Hamburg
Stapellauf	5. Oktober 1907
Indienststellung	14. November 1908
Verdrängung	4268 t
Länge x Breite x Tiefgang	118,30 x 13,50 x 5,54 m
Besatzungsstärke	361 Mann
Antrieb	2 x Dampfturbine
Antriebsleistung	18.880 PS
Wellen	4
Geschwindigkeit	25 kn
Fahrstrecke	3600 sm bei 14 kn
Bewaffnung	10 x 10,5-cm-Geschütz, 8 x 5,2-cm-Geschütz, 2 x 45-cm-Torpedorohr
Einsatz in Ostasien	Ostasiatisches Kreuzergeschwader: Oktober 1914 bis Dezember 1914

Bugansicht der vor Anker liegenden »Dresden«.
(Foto: Deutscher Marinebund)

Der Kleine Kreuzer »Dresden« bei einer Passage des Kaiser-Wilhelm-Kanals. (Foto: Archiv Autor)

geschossen. Der geforderten Übergabe entzog sich das Schiff durch Selbstversenkung. Die Besatzung, die überwiegend die Beschießung überlebte, wurde in Chile interniert.

Der Kleine Kreuzer »Dresden« im Oktober 1909 in New York. (Foto: Archiv Autor)

Kleiner Kreuzer »Emden«

Der Kleine Kreuzer »Emden« war ein Schwesterschiff der »Dresden«. Gebaut wurde er auf der Kaiserlichen Werft in Danzig, wo das Schiff am 26. Mai 1908 vom Stapel lief. Die Indienststellung vollzog sich am 10. Juli 1909.

Die »Emden« war als Quer- und Längsspanten-Stahlbau gefertigt. Der Schiffsrumpf war in 13 wasserdichte Abteilungen unterteilt. Das Panzerdeck hatte eine Stärke von 50 bis 80 Millimeter. Sie war ein gutes Seeschiff mit sehr guten Dreh- und Manövriereigenschaften. Allerdings schlingerte der 118,30 Meter lange und 4268 Tonnen verdrängende Kleine Kreuzer stark und war bei hoher Fahrt sehr nass. Drei Schornsteine bestimmten die Schiffssilhouette.

Die Antriebsanlage der »Emden« bestand aus zwei Dreizylinder-Dreifach-Expansionsdampfmaschinen, die in zwei Maschinenräumen standen und auf zwei Wellen wirkten. Mit der Gesamtleistung von 16.350 PS konnte das Schiff eine Geschwindigkeit von 24 Knoten erreichen. Die »Emden« war der letzte Kleine Kreuzer der Kaiserlichen Marine, der noch mit Expansionsdampfmaschinen ausgerüstet wurde. Das Schwesterschiff »Dresden« fuhr bereits mit Dampfturbinen.

Die Bewaffnung des Kleinen Kreuzers bestand aus zehn mit Schutzschilden versehenen 10,5-cm-Geschützen und aus

Schiffstyp	Kleiner Kreuzer
Bauwerft	Kaiserliche Werft, Danzig
Stapellauf	26. Mai 1908
Indienststellung	10. Juli 1909
Verdrängung	4268 t
Länge x Breite x Tiefgang	118,30 x 13,50 x 5,54 m
Besatzungsstärke	361 Mann
Antrieb	2 x Dampfmaschine
Antriebsleistung	16.350 PS
Wellen	2
Geschwindigkeit	24 kn
Fahrstrecke	3760 sm bei 12 kn
Bewaffnung	10 x 10,5-cm-Geschütz, 8 x 5,2-cm-Geschütz, 2 x 45-cm-Torpedorohr
Einsatz in Ostasien	Ostasiatisches Kreuzergeschwader: Juli 1910 bis August 1914

Kleiner Kreuzer »Emden«. (Foto: Bibliothek für Zeitgeschichte)

Die Zerstörung der Ölanlagen in Madras; dargestellt auf einem Gemälde des Marinemalers Hans Bohrd. (Foto: Hans Bohrd)

acht 5,2-cm-Geschützen. Weiterhin waren zwei 45-cm-Torpedorohre an Bord eingerüstet.

Nach der Indienststellung war der Kleine Kreuzer »Emden« zunächst in das Manövergeschehen der Hochseeflotte eingebunden. Zeitweise fuhr er als Begleitschiff für die kaiserliche Yacht »Hohenzollern«. Am 9. November 1919 ging das Schiff bis zum 1. April 1910 außer Dienst.

Am 12. April 1910 verließ der Kleine Kreuzer Kiel, um nach Ostasien zu verlegen. Die Reise ging entgegen der bisher üblichen Gepflogenheit nicht durch den Suezkanal, sondern um die Südspitze von Südamerika, da das Schiff vorher in Argentinien Repräsentationsaufgaben wahrnehmen sollte. Nach dem Passieren der Magellanstraße besuchte die »Emden« die chilenischen Häfen Valparaiso und Talcahuano.

Am 24. Juni 1910 begann dann der Transit über den Pazifischen Ozean und am 22. Juli traf die »Emden« in Apia/Samoa das Ostasiatische Kreuzergeschwader, mit dem sie bis November in der Südsee kreuzte und Mitte Dezember in Tsingtau eintraf.

Unruhen und Aufstände auf den Südseeinseln beschäftigten den Kleinen Kreuzer »Emden« im ersten Quartal 1911. Danach war er wieder in Tsingtau. In den Folgejahren befuhr die »Emden« im Rahmen des normalen Kolonialdienstes die chinesischen Gewässer und war auf Rundreisen in den deutschen Schutzgebieten in der Südsee unterwegs.

Als Mitte Juni 1914 das Ostasiatische Kreuzergeschwader zu einer Rundreise in die Südsee aufbrach, blieb die »Emden« als Stationär in Tsingtau zurück. Um in Tsingtau nicht eingeschlossen zu werden, verließ die »Emden« angesichts der kritischen Lage in Europa am 31. Juli den Hafen und kontrollierte nach Kriegsbruch die Dampferroute Nagasaki–Wladiwostok. Am 4. August konnte sie den russischen Dampfer »Rjäsan« aufbringen, der anschließend in Tsingtau zum Hilfskreuzer »Cormoran« ausgerüstet wurde. Der Kleine Kreuzer »Emden« selbst traf am 12. August in der Inselgruppe der Marianen wieder auf das Kreuzergeschwader.

Ab dem 14. August führte das vom Verband hierzu entlassene Schiff einen sehr erfolgreichen Handelskrieg im Indischen Ozean, der in die Seekriegsgeschichte eingegangen ist. Die ritterliche Kriegsführung des Kommandanten, Fregattenkapitän Karl von Müller, findet bis heute international große Anerkennung. Auf das Konto der »Emden« gehen zwei versenkte Kriegsschiffe, 16 versenkte Handelsschiffe und zwei aufgebrachte und dann als Kohleversorger genutzte Dampfer sowie die Zerstörung der Ölanlagen in Madras durch Be-

Das Wrack des bei den Cocos-Inseln kampfunfähig geschossenen Kleinen Kreuzers »Emden«. (Foto: Deutscher Marinebund)

schießung und die Zerstörung der Nachrichtenstation auf den Cocos-Inseln durch einen Landungszug.

Hierbei ereilte das fieberhaft von den Engländern gesuchte Schiff am 9. November 1914 das Schicksal. Im Artilleriegefecht mit dem im Seegebiet erscheinenden australischen Leichten Kreuzer »Sydney« unterlag die »Emden«. Kampfunfähig geschossen wurde das Schiff auf den Strand gesetzt.

Der Landungszug, der sich schon vor Gefechtsbeginn an Land befand und jetzt nicht mehr an Bord zurückkehren konnte, requirierte den im Hafen liegenden Dreimast-Marssegelschoner »Ayesha« und gelangte nach mehrmonatiger Odyssee in die Heimat.

Der Kleine Kreuzer »Emden« und das U-Boot »U 9« sind die einzigen mit dem Eisernen Kreuz ausgezeichneten deutschen Kriegsschiffe. Die überlebenden Besatzungsmitglieder konnten auf Antrag Doppelfamiliennamen mit dem Zusatz Emden annehmen.

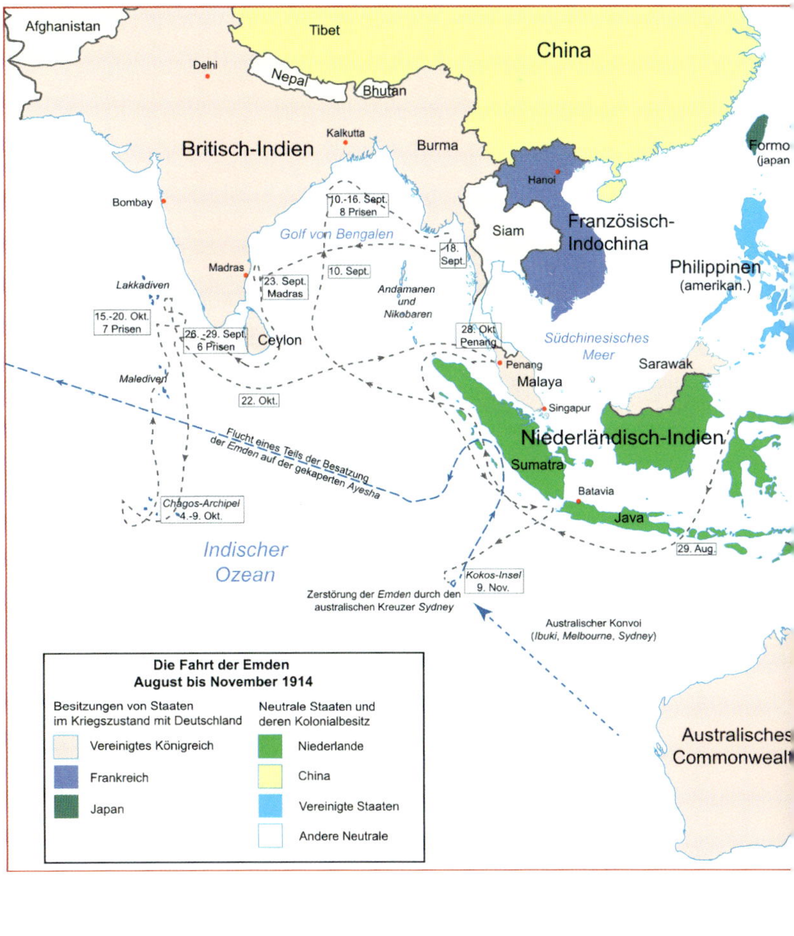

Die Fahrt des Kleinen Kreuzers »Emden« im Indischen Ozean von August bis November 1914. (Foto: Furfur / CC-BY-SA 3.0)

Kleiner Kreuzer »Falke«

Schiffstyp	Kleiner Kreuzer
Bauwerft	Kaiserliche Werft, Kiel
Stapellauf	4. April 1891
Indienststellung	14. September 1891
Verdrängung	1868 t
Länge x Breite x Tiefgang	82,60 x 12,50 x 5,63 m
Besatzungsstärke	161 Mann
Segelfläche	860/600 m²
Antrieb	2 x Dampfmaschine
Antriebsleistung	2910 PS
Wellen	2
Geschwindigkeit	17 kn
Fahrstrecke	2880 sm bei 9 kn
Bewaffnung	8 x 10,5-cm-Geschütz, 2 x 35-cm-Torpedorohr
Einsatz in Ostasien	Australische Station: April 1894 bis Juli 1899

Der Kleine Kreuzer »Falke« war das zweite der sechs Schiffe der »Bussard«-Klasse (siehe Kapitel »Bussard«). Sein Bau fand auf der Kaiserlichen Werft in Kiel statt. Der Stapellauf erfolgte am 4. April 1891. Die Indienststellung war für die Zeit der Erprobungen nur von kurzer Dauer und währte vom 14. September bis 31. Oktober 1891.

Die schiffbauliche und technische Auslegung sowie die Bewaffnung sind im Kapitel zur »Bussard« behandelt. Davon abweichende Daten sind in der nebenstehenden Tabelle zu finden.

Nach der erneuten Indienststellung am 14. August 1892 kam der Kleine Kreuzer »Falke« – zu diesem Zeitpunkt allerdings noch als Kreuzer IV. Klasse bezeichnet – im Sommermanöver der Flotte zum Einsatz. Zwei Monate später verließ er Kiel, um als Stationär auf die Westafrikanische Station zu verlegen. Dort blieb das Schiff bis zum Dezember 1893.

Am 23. Dezember 1893 begann die Verlegungsfahrt zur Australischen Station. Über Melbourne und Sydney erreichte die »Falke« am 16. April Apia auf Samoa. Für die nächsten fünf Jahre verblieb sie auf dieser Station, wo bereits ihr Schwesterschiff »Bussard« operierte.

Die erforderlichen Einsätze waren durch Polizei- und Bestrafungsaktionen sowie Kampfhandlungen in den unruhigen Schutzgebieten der Südsee bestimmt. Hinzu kamen die Schlichtungen von Eifersüchteleien und Streitigkeiten von Häuptlingen untereinander. Immer wieder galt es auf Rundreisen durch die gesamten Schutzgebiete Flagge zu zeigen sowie, wie auch immer, Macht zu demonstrieren und die Gemüter zu beruhigen. Für notwendige Reparaturen und Überholungen des Schiffes stützte man sich überwiegend auf Sydney ab. Ebenso erfolgten hier die routinemäßigen Besatzungswechsel.

Nachdem das Schwesterschiff »Condor« in Apia eingetroffen

Der Kleiner Kreuzer »Falke« kam als Stationär vor Westafrika, in der Südsee und vor Südamerika zum Einsatz. (Foto: Arthur Renard / Bundesarchiv / Bild 146-2008-0171 / CC-BY-SA 3.0)

war, verließ der Kleine Kreuzer am 1. Juli 1899 diesen Hafen und trat die Heimreise an. Hamburg erreichte die »Falke« am 10. Oktober, wo sie von Kaiser Wilhelm II persönlich begrüßt wurde. Drei Wochen später stellte das Schiff am 3. November in Danzig außer Dienst.
Bis zur erneuten Indienststellung am 2. Oktober 1901 wurde eine Grundüberholung, eine Modernisierung und ein Umbau durchgeführt. Danach verlegte das Schiff zur Nordküste von Südamerika. In den Folgejahren bereiste die »Falke« die Karibik und die Ostküste von Südamerika und war zeitweise in die Ostamerikanische Kreuzerdivision integriert.
Im November 1903 verlegte der Kleine Kreuzer durch die Magellanstraße an die Westküste von Südamerika auf die Westamerikanische Station, wo er bis Ende 1906 verblieb. Den Jahreswechsel verbrachte das Schiff schon wieder in Montevideo und am 17. Januar begann die Heimreise. Nach 5 1/2-jähriger Abwesenheit erreichte der Kleine Kreuzer «Falke« am 15. April Danzig und stellte am 20. April 1907 außer Dienst.
Der Kleine Kreuzer »Falke« war aufgebraucht. Eine Instandsetzung war nicht mehr lohnenswert. Das Schiff wurde am 25. Oktober 1912 aus der Liste der Kriegsschiffe gestrichen und danach abgewrackt.

Großer Kreuzer »Fürst Bismarck«

Schiffstyp	Großer Kreuzer
Bauwerft	Kaiserliche Werft, Kiel
Stapellauf	25. September 1897
Indienststellung	1. April 1900
Verdrängung	11.461 t
Länge x Breite x Tiefgang	127,00 x 20,40 x 8,46 m
Besatzungsstärke	621 Mann
Antrieb	3 x Dampfmaschine
Antriebsleistung	13.622 PS
Wellen	3
Geschwindigkeit	18,5 kn
Fahrstrecke	4560 sm bei 10 kn
Bewaffnung	4 x 24-cm-Geschütz, 12 x 15-cm-Geschütz, 10 x 8,8-cm-Geschütz, 10 x 3,7-cm-Geschütz, 6 x 45-cm-Torpedorohr
Einsatz in Ostasien	Ostasiatisches Kreuzergeschwader: August 1900 bis April 1909

Zunächst wurde die »Fürst Bismarck« als Kreuzer I. Klasse eingestuft und dann 1899 in Großer Kreuzer umklassifiziert. Parallel und auch zur Unterscheidung gegenüber früheren Kreuzerbauten lief auch die Bezeichnung Panzerkreuzer. Kiellegung und Indienststellung des Schiffes erfolgten jeweils zum Geburtstag des Namensgebers Fürst Otto von Bismarck am 1. April 1896 respektive am 1. April 1900. Mit dem Stapellauf wurde das Schiff am 25. September 1897 seinem Element übergeben. Gebaut wurde der Große Kreuzer auf der Kaiserlichen Werft in Kiel.
Der Große Kreuzer »Fürst Bismarck« war ein Stahlbau in Quer- und Längsspanten-Bauweise. Der Rumpf war in 13 wasserdichte Abteilungen unterteilt. Ein besonderes Merkmal war das Vorschiff mit der Walrückenback. Neben einem Panzerdeck von 30 bis 50 Millimeter besaß der Große Kreuzer einen Gürtelpanzer von 100 bis 200 Millimeter. Die »Fürst Bismarck« war der erste Große Kreuzer der Kaiserlichen Marine, der neben dem horizontalen Panzerdeck auch durch einen vertikalen Panzer geschützt war. Seine Schiffslänge belief sich auf 127 Meter und die Verdrängung betrug 11.461 Tonnen.
Drei Vierzylinder-Dreifach-Expansionsdampfmaschinen wirkten auf je eine Welle. Aus zwölf Kesseln erhielten sie den benötigten Dampf. Über zwei Schornsteine wurden Rauch und Abgase abgeführt. Die insgesamt 13.622 PS Maschinenleistung ermöglichten eine Geschwindigkeit von 18,5 Knoten.
Die Schwere Artillerie des Großen Kreuzers »Fürst Bismarck« bestand aus zwei 24-cm-Zwillingstürmen. Sie hatten erstmalig ein elektrisches Schwenkwerk. Da aber die Netzspannung des Schiffes noch zu sehr schwankte, erhielten die Türme eine zusätzliche Dampfturbine mit Dynamomaschine eingebaut. Die Mittlere Artillerie umfasste zwölf 15-cm-Geschütze. Zehn 8,8-cm-Geschütze bildeten die Leichte Artillerie. Diese waren teilweise in sogenannten Schwalbennestern, aber auch an Oberdeck als frei stehende und mit Schutzschild versehene Geschütze vorhanden. Zehn 3,7-cm-Maschinenkanonen befanden sich zeitweise noch zusätzlich an Bord. Sechs 45-cm-Torpedorohre bildeten die Unterwasserkomponente der Bewaffnung.
Unmittelbar nach der wegen den Unruhen in China forciert durchgeführten Indienststellung verlegte der Große Kreuzer »Fürst Bismarck« nach Ostasien. Am 30. Juni 1900 verließ er Kiel. Tsingtau erreichte die »Fürst Bismarck« am 13. August. Mehrfach mussten beim Transit Pausen eingelegt werden. Zum einen wegen der Ergänzung des Kohlevorrats und zum anderen als Erholungsphasen für die Besatzung. Dass dies

Der Stapellauf des Großen Kreuzers »Fürst Bismarck« fand am 25. September 1897 bei der Kaiserlichen Werft in Kiel statt. (Foto: Deutscher Marinebund)

Großer Kreuzer »Fürst Bismarck«. Die schiffbaulich markante Walrückenback ist auf der Abbildung deutlich zu erkennen. (Foto: Deutscher Marinebund)

notwendig war, zeigt zum Beispiel die Tatsache, dass im Roten Meer allein 41 Mann des Maschinenpersonals einen Hitzeschlag erlitten.

Die »Fürst Bismarck« verblieb mit Abstützung auf Tsingtau neun Jahre im Kolonial- und Auslandsdienst und fungierte als Flaggschiff des Ostasiatischen Kreuzergeschwaders. In dieser Zeit operierte der Große Kreuzer »Fürst Bismarck« überwiegend in chinesischen Gewässern. Machte aber auch Reisen nach Japan, Singapur und Südostasien sowie in die Kolonialgebiete in der Südsee und nach Indonesien.

Am 8. April 1909 trat die »Fürst Bismarck« von Tsingtau aus ihre Heimreise an und lief am 13. Juni 1909 wieder in Kiel

Großer Kreuzer »Fürst Bismarck«. (Foto: Archiv Autor)

Der Große Kreuzer »Fürst Bismarck« auf einer Gemäldedarstellung des Marinemalers Hugo Graf. (Foto: Hugo Graf)

Der Große Kreuzer »Fürst Bismarck« passiert den Kaiser-Wilhelm-Kanal. Der gesetzte Heimatwimpel lässt vermuten, dass dies die Passage am 13. Juni 1909 anlässlich der Rückkehr von der neunjährigen Verwendung in Ostasien war. (Foto: Archiv Autor)

ein. Nach der Rückkehr aus Fernost begann auf dem Großen Kreuzer eine Grundüberholung verbunden mit Modernisierungsarbeiten sowie dem Umbau zum Torpedoschulschiff. Dabei wurden unter anderem ein Teil der Geschütze ausgebaut und die Torpedoräume vergrößert. Diese Arbeiten waren bei Kriegsausbruch nahezu abgeschlossen. Der nun geringe Kampfwert des Schiffes schloss allerdings eine aktive Verwendung in der Flotte aus. Stattdessen fand der Große Kreuzer eine Nutzung als Ziel- und Schulschiff. Nach Kriegsende war der Große Kreuzer »Fürst Bismarck« noch kurzzeitig Büroschiff, wurde am 17. Juni 1919 aus der Liste der Kriegsschiffe gestrichen und dann zum Abbruch verkauft.

Kleiner Kreuzer »Gazelle«

Die Kaiserliche Marine erhielt in den Jahren 1898 bis 1904 mit den zehn Schiffen der »Gazelle«-Klasse (»Gazelle«, »Niobe«, »Nymphe«, »Thetis«, »Ariadne«, »Amazone«, »Medusa«, »Frauenlob«, »Arcona«, »Undine«) moderne Kleine Kreuzer. Sie gelten als Nachfolgeentwicklung der beiden als Einzelschiffe gebauten Kleinen Kreuzer »Gefion« und »Hela«. Standfestigkeit, Bewaffnung und Geschwindigkeit ermöglichten nicht nur die Verwendung als Aufklärer für die Flotte, sondern ließen ebenso den Einsatz im Auslandsdienst zu. Das Typschiff »Gazelle« entstand auf der Germaniawerft in Kiel, wo es am 31. März 1898 vom Stapel lief. Die Indienststellung erfolgte am 23. November 1898.

Die Kleinen Kreuzer der »Gazelle«-Klasse waren als Quer- und Längsspanten-Stahlbauten ausgeführt und in zwölf wasserdichte Abteilungen unterteilt. Mit ihnen erhielten auch zum ersten Mal Kleine Kreuzer einen Panzerschutz. Weiterhin waren sie noch mit einem Rammsteven versehen, einem Relikt aus den 1860er/1870er Jahre, das infolge der Artillerieentwicklung für die Marinetaktik das 20. Jahrhundert nicht mehr relevant war. Nicht alle zehn Schiffe waren jedoch exakt baugleich. Sie differierten leicht in ihren Schiffsdaten und ihren Antriebsanlagen. Zwei Schornsteine prägten das äußere Erscheinungsbild. Die nur auf der »Gazelle« zwischen den Schornsteinen angeordnete Kommandobrücke war ein be-

Schiffstyp	Kleiner Kreuzer
Bauwerft	Germaniawerft, Kiel
Stapellauf	31. März 1898
Indienststellung	23. November 1898
Verdrängung	2963 t
Länge x Breite x Tiefgang	105,00 x 12,20 x 5,53 m
Besatzungsstärke	257 Mann
Antrieb	2 x Dampfmaschine
Antriebsleistung	6366 PS
Wellen	2
Geschwindigkeit	20 kn
Fahrstrecke	3570 sm bei 10 kn
Bewaffnung	10 x 10,5-cm-Geschütz, 10 x 3,7-cm-Geschütz, 3 x 45-cm-Torpedorohr
Einsatz in Ostasien	Ostasiatisches Kreuzergeschwader: Oktober 1901 bis November 1902 nur formale Unterstellung, kein Einsatz in Ostasien

Der Kleine Kreuzer »Gazelle« auf einem Gemälde des Marinemalers Hugo Graf. (Foto: Hugo Graf)

Kleiner Kreuzer »Gazelle«. Deutlich ist der nicht mehr zeitgemäße Rammsteven zu erkennen. (Foto: Deutscher Marinebund)

sonderes Kennzeichen des Typschiffes dieser Schiffsklasse. Der Kleine Kreuzer »Gazelle« hatte eine Länge von 105 Meter, eine Verdrängung von 2963 Tonnen und besaß zwei Vierzylinder-Dreifach-Expansionsdampfmaschinen, die auf je eine Welle geschaltet waren. Mit den insgesamt 6366 PS erreichte das Schiff eine Geschwindigkeit von 20 Knoten.

Die Artilleriebewaffnung der »Gazelle«-Klasse bestand ursprünglich aus zehn 10,5-cm-Geschützen. Anfangs befanden sich noch zehn 3,7-cm-Maschinenkanonen an Bord. Im Laufe der Indiensthaltung der Einheiten änderte sich von Schiff zu Schiff und in Abhängigkeit von der jeweiligen Verwendung die Zusammensetzung und der Umfang der Artilleriebewaffnung. Neben den Rohrwaffen waren drei 45-cm-Torpedorohre eingerüstet. Im Vergleich zu den Vorgängern, den Kleinen Kreuzern »Gefion« und »Hela«, war die Bewaffnung der »Gazelle«-Klasse deutlich verbessert und entsprach der Größe der Schiffe.

Nach der Indienststellung begannen auf dem Kleinen Kreuzer »Gazelle« die Probefahrten. Technische Probleme mit der Maschinenanlage führten mehrmals zu Außer- und Wiederinstandstellungen. Die endgültige Indienststellung des Schiffes konnte somit erst am 15. Juni 1901 erfolgen.

Die »Gazelle« kam zunächst im normalen Flottendienst zum Einsatz. Im Oktober wurde sie dem Ostasiatischen Kreuzergeschwader zugeteilt, ging aber erst im Januar 1902 auf den Transitmarsch. Durch die unruhigen politischen Verhältnisse in Westindien verblieb das Schiff jedoch in den karibischen Gewässern und verstärkte die sich dort schon befindenden Einheiten (Großer Kreuzer »Vineta«, Kleiner Kreuzer »Falke«) der sogenannten Ostamerikanischen Kreuzerdivision. Der Einsatz begann sich in die Länge zu ziehen. In Folge wurde im November 1902 die Zuordnung zum Ostasiatischen Kreuzergeschwader für den Kleinen Kreuzer »Gazelle« aufgehoben. Das Schiff verblieb weiterhin in der Karibik.

Erst am 18. Juli 1904 traf die »Gazelle« wieder in Kiel ein und stellte am 3. August außer Dienst. In den Jahren 1905 bis 1907 erfolgte ein Umbau auf der Kaiserlichen Werft in Danzig. Danach ging die »Gazelle« in die Reserve. Bei Kriegsausbruch kam sie für Küstenschutzaufgaben in der Ostsee zum Einsatz. Ein Minentreffer führte am 25. Januar 1915 zum Verlust der Schrauben. Das Schiff wurde daraufhin außer Dienst gestellt, für den Rest des Krieges als Minenhulk verwendet und dann am 28. August 1920 aus der Liste der Kriegsschiffe gestrichen. Danach erfolgte der Abbruch des ehemaligen Kleinen Kreuzers »Gazelle«.

Kleiner Kreuzer »Gefion«

Der Kleine Kreuzer »Gefion« entstand als Kreuzerkorvette, wurde später zum Kreuzer III. Klasse und 1899 zum Kleinen Kreuzer umklassifiziert. Er war nach dem am 17. November 1892 in Dienst gestellten Großen Kreuzer »Kaiserin Augusta« das zweite größere Schiff der Kaiserlichen Marine, für das vom Schiffentwurf her keine Hilfsbesegelung mehr vorgesehen war. Die Kreuzerkorvette war auch der Versuch, einen sowohl für Aufklärungs- und Flottenaufgaben als auch für Überseezwecke geeigneten Kreuzer zu entwickeln.

Gebaut wurde das Schiff auf der Schichau Werft in Danzig. Es lief am 31. Mai 1893 vom Stapel und stellte am 27. Juni 1894 in Dienst.

Der Schiffskörper war als Quer-und Längsspanten-Stahlbau ausgeführt und in zehn wasserdichte Abteilungen unterteilt. Das Deck hatte lediglich eine Panzerung von 25 bis 30 Millimeter Stärke. Der Bug war, der damaligen Zeit entsprechend, noch als Rammsteven ausgebildet. Die »Gefion« hatte eine Schiffslänge von 110,40 Meter und verdrängte 4275 Tonnen.

Zwei Dreizylinder-Dreifach-Expansionsdampfmaschinen, die jeweils auf eine Welle wirkten, sorgten mit ihrer Maschinenleistung von insgesamt 9827 PS für eine Geschwindigkeit von 20,5 Knoten. Die drei Schornsteine prägten markant das

Schiffstyp	Kleiner Kreuzer
Bauwerft	Schichau Werft, Danzig
Stapellauf	31. Mai 1893
Indienststellung	27. Juni 1894
Verdrängung	4275 t
Länge x Breite x Tiefgang	110,40 x 13,20 x 6,47 m
Besatzungsstärke	302 Mann
Antrieb	2 x Dampfmaschine
Antriebsleistung	9827 PS
Wellen	2
Geschwindigkeit	20,5 kn
Fahrstrecke	3500 sm bei 12 kn
Bewaffnung	10 x 10,5-cm-Geschütz, 6 x 5-cm-Geschütz, 2 x 45-cm-Torpedorohr
Einsatz in Ostasien	Ostasiatisches Kreuzergeschwader: Mai 1898 bis Juni 1901

Der Kleine Kreuzer »Gefion« auf einer Gemäldedarstellung des Marinemalers Hugo Graf. (Foto: Hugo Graf)

Kleiner Kreuzer »Gefion«. Das kleine Boot links von dem Schiff lässt darauf schließen, dass das Bild in Ostasien entstanden ist. (Foto: Archiv Autor)

Der Kleine Kreuzer »Gefion« als Ankerlieger. (Foto: Archiv Autor)

äußere Erscheinungsbild des Schiffes.

Die Hauptartillerie des Kleinen Kreuzers »Gefion« bestand aus zehn 10,5-cm-Geschützen. Weiterhin waren sechs 5-cm-Geschütze und zwei schwenkbare 45-cm-Torpedorohre eingerüstet.

Nach ihrer Indienststellung war die »Gefion« im normalen Flottendienst. Mehrmals war sie Begleitschiff für die Kaiseryacht »Hohenzollern«. Im Juni 1895 nahm das Schiff an den Eröffnungsfeierlichkeiten für den Kaiser-Wilhelm-Kanal teil.

Ab dem 16. Dezember 1897 verlegte der Kleine Kreuzer nach Ostasien in das gerade neu erworbene Pachtgebiet Kiautschou. Hierbei gehörte er zu der von Prinz Heinrich, dem Bruder von Kaiser Wilhelm II, geführten II. Kreuzerdivision, die das dortige Ostasiatische Kreuzergeschwader verstärken sollte. Am 5. Mai 1898 trat die II. Division dem Verband bei.

Auf Tsingtau abgestützt, bestimmte der damals übliche Kolonialdienst für die nächsten Jahre den Bordalltag der »Gefion«. Dies waren überwiegend Operationen in den chinesischen Gewässern. Mehrmals wurden japanische Häfen angelaufen. Auch zur Bekämpfung des Boxeraufstandes kam der Kleine Kreuzer »Gefion« in den Jahren 1900/1901 zum Einsatz. Ende Juni 1901 hielt sich die »Gefion« in Schanghai auf, wo der Rückmarschbefehl nach Deutschland eintraf. Am 22. September 1901 traf der Kleine Kreuzer in Wilhelmshaven ein.

Für die »Gefion« begann im Oktober 1901 eine dreijährige Grundüberholung und Modernisierung. Bis zum Kriegsausbruch erfolgte allerdings keine erneute Indienststellung. Auch anschließend kam es zu keiner weiteren Aktivierung des Schiffes. Die »Gefion« entsprach nicht mehr den aktuellen Ansprüchen an ein Kriegsschiff. Ab 1916 diente der Kleine Kreuzer »Gefion« als Wohnschiff in Danzig. Nach dem Krieg wurde er verkauft und zum Motorfrachtschiff umgebaut, aber bereits 1923 abgewrackt.

Kleiner Kreuzer »Geier«

Schiffstyp	Kleiner Kreuzer
Bauwerft	Kaiserliche Werft, Wilhelmshaven
Stapellauf	18. Oktober 1894
Indienststellung	24. Oktober 1895
Verdrängung	1918 t
Länge x Breite x Tiefgang	83,90 x 10,60 x 5,22 m
Besatzungsstärke	161 Mann
Segelfläche	860/600 m^2
Antrieb	2 x Dampfmaschine
Antriebsleistung	2884 PS
Wellen	2
Geschwindigkeit	16 kn
Fahrstrecke	3610 sm bei 9 kn
Bewaffnung	8 x 10,5-cm-Geschütz, 2 x 45-cm-Torpedorohr
Einsatz in Ostasien	Ostasiatisches Kreuzergeschwader: August 1900 bis Januar 1905

Mit der Indienststellung des Kleinen Kreuzers »Geier« war am 24. Oktober 1895 das Bauprogramm der »Bussard«-Klasse (siehe Kapitel »Bussard«) beendet. Der Bau des Schiffes erfolgte auf der Kaiserlichen Werft in Wilhelmshaven, wo es am 18. Oktober 1894 vom Stapel gelaufen war.

Die schiffbauliche und technische Auslegung sowie die Bewaffnung sind im Kapitel zur »Bussard« behandelt. Davon abweichende Daten sind in der nebenstehenden Tabelle zu finden. Anzumerken ist, dass die »Geier« als einziges Schiff der Klasse mit 45-cm-Torpedorohren ausgerüstet war. Außerdem wurden die bisher mit den Schwesterschiffen schon gemachten Erfahrungen beim Bau berücksichtigt.

Nach Durchführung der Erprobungsfahrten stellte der Kleine Kreuzer »Geier« am 21. Januar 1896 wieder außer Dienst. Zur ersten Auslandsverwendung erfolgte am 1. Dezember 1897 die erneute Indienststellung und ab 9. Dezember die Verlegung in die Karibik. Das Schiff blieb bis zum Februar 1899 als Stationär auf der Ostamerikanischen Station. Durch die Magellanstraße erreichte die »Geier« die Westamerikanischen Station. Hier blieb sie bis zum Juli 1900.

Am 11. Juli 1900 verließ der Kleine Kreuzer »Geier« Acapulco/Mexiko und verlegte wegen des Boxeraufstandes nach Ostasien. Am 29. August wurde das Schiff in das Ostasiatische Kreuzergeschwader integriert. Es folgten, mit Abstützung auf Tsingtau, Einsätze in den chinesischen Gewässern und Patrouillenfahrten im Stationsgebiet. Außerdem besuchte das Schiff zahlreiche Häfen in China, Korea und Japan. Im Oktober 1902 trat die »Geier« eine Reise nach Indonesien und Singapur an und führte im März/April 1903 eine Grundüberholung in Nagasaki durch. Danach folgten wieder Stationsdienst und Hafenbesuche in Ostasien. Am 14. Januar 1905 verließ der Kleine Kreuzer Tsingtau und trat seinen Rückmarsch nach Deutschland an, wo er am 16. März in Kiel einlief und zwei Wochen später außer Dienst stellte.

In den Jahren 1908/1909 wurde das Schiff überholt und modernisiert. Erst im April 1911 kam es zu einer Wiederindienststellung. Kurzzeitig war die »Geier« anschließend auf

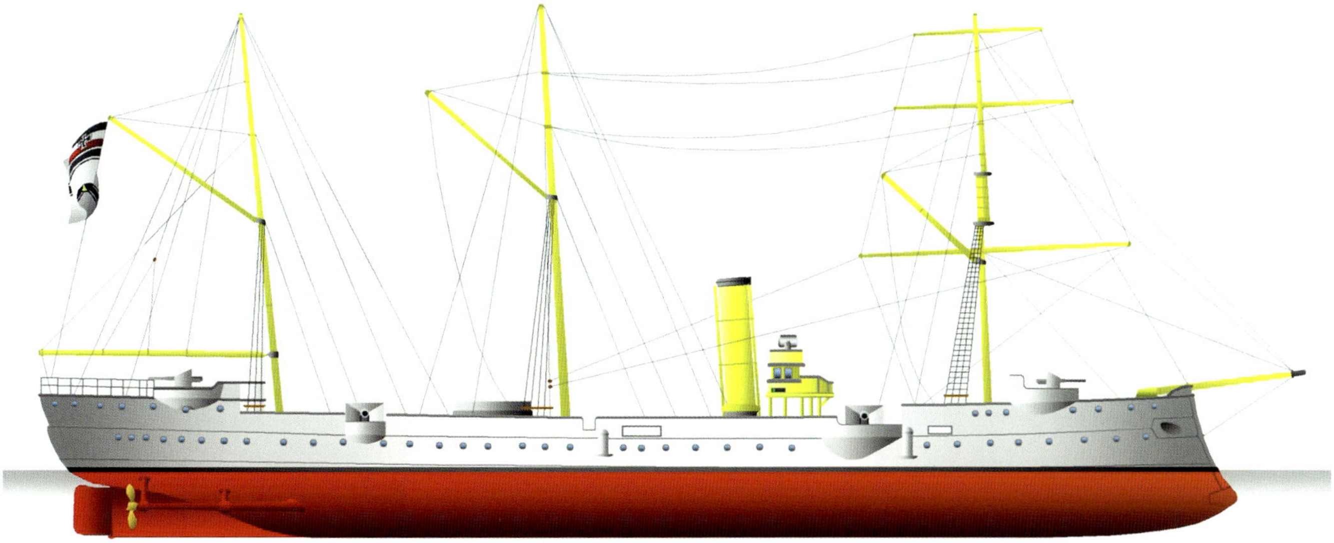

Die Seitenrisszeichnung zeigt den Kleinen Kreuzer »Geier« in seinem ursprünglichen Aussehen. (Foto: Christian Tiedt)

Der Kleine Kreuzer »Geier« in seinem Aussehen ab 1909 bei einer Passage des Kaiser-Wilhelm-Kanals. (Foto: Bibliothek für Zeitgeschichte)

der Ostafrikanischen Station und dann von Oktober 1911 bis Januar 1914 im Mittelmeer. Im Februar 1914 nahm das Schiff seine Tätigkeit als Stationär vor Ostafrika wieder auf. Am 6. Mai erfolgte in der Klassifizierung die Rückstufung zum Kanonenboot.

Im Juni 1914 wieder ein erneuter Stationswechsel. Das Kanonenboot »Geier« wurde in die Südsee befohlen und begann am 12. Juni den Transit nach dort. Nach Ausbruch des Krieges versuchte das Schiff sich dem Ostasiatischen Kreuzergeschwader anzuschließen. Diese Absicht konnte jedoch nicht verwirklicht werden. Das Schiff »irrte« regelrecht durch die Südsee und traf sich zu Kohleübernahmen mit deutschen Schiffen. Letztendlich beschloss die Schiffsführung Hawaii anzulaufen. Am 15. Oktober 1914 war Honolulu erreicht. Am 7. November wurde die »Geier« interniert.

Nach dem Kriegseintritt der USA am 7. April 1917 wurde das Kanonenboot beschlagnahmt, unter großem Aufwand wieder fahrbereit gemacht und als Kanonenboot »Carl Schurz« in die Amerikanische Marine eingegliedert. Auf der Verlegungsfahrt über den Pazifik und durch den Panama-Kanal zur Ostküste der USA wurde die »Carl Schurz« vor North Carolina von einem Schiff gerammt und ist gesunken.

Lazarettschiff »Gera«

Das Lazarettschiff »Gera« war eines der acht Schiffe der »Städte«-Klasse des Norddeutschen Lloyd (NDL). Gebaut wurde die »Gera«, wie auch ihre sieben Schwesterschiffe, in Großbritannien bei der Fairfield Shipbuilding & Engineering Co. in Glasgow. Am 8. November 1890 lief der Dampfer vom Stapel und stellte am 13. Dezember für den NDL Dienst.

Die »Gera« war als Fracht- und Passagierschiff ausgelegt. Ihr Antrieb bestand aus einer Dreizylinder-Dreifach-Expansionsdampfmaschine, mit deren 3200 PS das mit 5319 BRT vermessene und 126,49 Meter lange Schiff eine Geschwindigkeit von 13 Knoten erreichte.

Die »Gera« kam auf den Übersee-Linien des NDL zum Einsatz. Ab Juli 1893 fuhr das Schiff auch als Reichspostdampfer nach Fernost und Australien.

Während des Boxeraufstandes in China übernahm die Kaiserliche Marine die »Gera« als Lazarettschiff. Am 26. Juli 1900 verließ sie in Begleitung der Torpedoboote »S 90«, »S 91« und »S 92« Wilhelmshaven in Richtung Tsingtau. Vom 10. Oktober 1900 bis zum 22. Juni 1901 war die »Gera« dann dort als stationäres Lazarettschiff dem Ostasiatischen Kreuzergeschwader zugeteilt. Nach ihrer Rückkehr nach Deutschland wurde die »Gera« am 6. August 1901 wieder an den Eigner zurückgegeben.

Die »Gera« blieb noch einige Jahre unter der Flagge des NDL in Fahrt und wurde schließlich 1908 nach Italien verkauft. Als »Valparaiso« betrieb der italienische Lloyd del Pacifico weiterhin das Schiff. Am 14. Oktober 1917 fiel es vor der libyschen Küste einem Torpedoangriff des deutschen U-Bootes »UB 48« zum Opfer.

Schiffstyp	Lazarettschiff
Bauwerft	Fairfield Shipbuilding & Engineering Co., Glasgow, Großbritannien
Stapellauf	8. November 1890
Indienststellung	13. Dezember 1890 (Norddeutscher Lloyd), 26. Juli 1900 (Kaiserliche Marine)
Vermessung	5319 BRT
Länge x Breite x Tiefgang	126,49 x 14,63 x 9,10 m
Besatzungsstärke	103 Mann
Passagiere	49 - 38 - 1901 / I. - II. - III. Klasse, 320 - 48 / Patienten - Sanitätspersonal
Antrieb	1 x Dampfmaschine
Antriebsleistung	3200 PS
Wellen	1
Geschwindigkeit	13 kn
Fahrstrecke	unbekannt
Bewaffnung	keine
Einsatz in Ostasien	Ostasiatisches Kreuzergeschwader: Oktober 1900 bis Juni 1901

Das nach Tsingtau bestimmte Lazarettschiff »Gera« verlässt am 27. Juli 1900 Wilhelmshaven. (Foto: Johann Georg Siehl)

Das in Tsingtau vor Anker liegende Lazarettschiff »Gera«. (Foto: Bibliothek für Zeitgeschichte)

Großer Kreuzer »Gneisenau«

Der Große Kreuzer »Gneisenau« war ein Schwesterschiff der »Scharnhorst«. Das Bauprogramm, die schiffbauliche Auslegung, die technische Ausstattung und die Bewaffnung sind im Kapitel zur »Scharnhorst« bereits beschrieben. Hinsichtlich der »Gneisenau« wäre lediglich zu ergänzen, dass das Schiff mit 30.396 PS eine höhere Maschinenleistung hatte.

Der bei der A.G. Weser in Bremen gebaute Große Kreuzer »Gneisenau« lief am 14. Juni 1906 vom Stapel und stellte am 6. März 1908 in Dienst. Die Namensgebung des Schiffes geht zurück auf den preußischen Generalfeldmarschall Neidhardt Graf von Gneisenau.

Nach seiner Indienststellung wurde der Große Kreuzer »Gneisenau« in die Hochseeflotte integriert und nahm an den üblichen Aktivitäten, Manöver und Auslandsreisen teil.

Im September 1910 schied das Schiff aus den Heimatverbänden aus. Bedingt durch die Schlachtkreuzer-Entwicklung war es mit seiner technischen Auslegung und Bewaffnung nicht mehr auf dem aktuellen Stand im Kreuzerbau. Genau wie bei dem Schwesterschiff »Scharnhorst« war aber eine Verwendung im Auslandsdienst noch durchaus angebracht und sinnvoll.

Am 10. November 1910 trat der Große Kreuzer »Gneisenau« seine Ausreise nach Ostasien an. Mehrere auf der Transitroute liegenden Häfen, darunter Malaga, Colombo, Bombay, Singapur und Hongkong, wurden besucht. Am 14. März 1911 erreichte das Schiff Tsingtau.

Damit begann für die »Gneisenau«, sowohl im Geschwaderverband des Ostasiatischen Kreuzergeschwaders wie auch als Einzelfahrer oder in Begleitung des Schwesterschiffes, der übliche Kolonial- und Stationsdienst in Fernost und in der Südsee.

Zum Zeitpunkt des Kriegsausbruchs hielt sich der Große Kreuzer »Gneisenau« mit dem Ostasiatischen Kreuzergeschwader in der Südsee auf. Ein Rückmarsch des Verbandes nach Tsingtau war angesichts der Kriegslage nicht mehr möglich.

Das Ostasiatische Kreuzergeschwader operierte in Folge im Pazifik, hatte vor Coronel/Chile am 1. November 1914 ein siegreiches Gefecht mit englischen Einheiten und unternahm anschließend den Versuch in die Heimat durchzubrechen.

Bei den Falkland-Inseln kam es am 8. Dezember 1914 erneut zu einem Gefecht mit modernen englischen Schlachtkreuzern, das von Anfang an für die deutschen Schiffe aussichtslos war. Die »Scharnhorst« ging im Artilleriefeuer der englischen Schlachtkreuzer »Invincible« und »Inflexible« verloren. Ebenso die »Gneisenau«, die sich nach dem Verbrauch der Munition und dem Ausfall der Antriebsanlage in einer aus-

Großer Kreuzer »Gneisenau«. (Foto: Deutscher Marinebund)

Großer Kreuzer »Gneisenau«. (Fotos: Bibliothek für Zeitgeschichte)

sichtslosen Lage befand und sich deshalb selbst versenkte. Der englische Gegner konnte 187 Besatzungsmitglieder aus dem kalten Wasser des Südatlantiks retten.

Mit Ausnahme des Kleinen Kreuzers »Dresden« wurden auch die übrigen Einheiten des Ostasiatischen Kreuzergeschwaders in dieser Seeschlacht vom englischen Gegner versenkt.

Der englische Schlachtkreuzer »Inflexible« rettet überlebende Besatzungsmitglieder des Großen Kreuzers »Gneisenau« aus dem kalten Wasser des Südatlantiks. (Foto: Royal Navy)

Großer Kreuzer »Hansa«

Die fünf Großen Kreuzer der »Victoria Louise«-Klasse (»Victoria Louise«, »Hertha«, »Freya«, »Vineta«, »Hansa«) sind eine Weiterentwicklung des als Einzelschiff gebauten Großen Kreuzers »Kaiserin Augusta«. Zunächst als Kreuzer II. Klasse bezeichnet, erfolgte 1899 die Umklassifizierung in Große Kreuzer. Konzeptionell waren sie vorgesehen als Aufklärungsschiffe in heimischen Gewässern sowie zum stationären Kreuzerdienst auf Stationen in den überseeischen Kolonialgebieten. Mit dem Großen Kreuzer »Hansa« schloss diese Bauserie ab.

Die »Hansa« wurde bei der A.G. Vulcan in Stettin gebaut. Sie lief am 12. März 1898 vom Stapel und stellte am 20. April 1899 in Dienst.

Der Große Kreuzer war ein in Quer- und Längsspanten-Bauweise ausgeführter Stahlbau mit zwölf wasserdichten Abteilungen. Das Panzerdeck hatte eine Stärke von 40 bis 100 Millimeter. Ein seitlicher Panzerschutz war nicht vorhanden. Optisch machte er allerdings mit seinen drei Schornsteinen und dem hochbordigen Schiffsrumpf einen doch recht respektablen Eindruck.

Wegen der hohen Aufbauten und der großen Seitenhöhe hatte die 110,50 Meter lange und 6705 Tonnen verdrängende »Hansa« bei Seitenwinden eine starke Abdrift, wies aber ansonsten, insbesondere bei laufender Mittelwelle, gute Manövriereigenschaften auf.

Schiffstyp	Großer Kreuzer
Bauwerft	A.G. Vulcan, Stettin
Stapellauf	12. März 1898
Indienststellung	20. April 1899
Verdrängung	6705 t
Länge x Breite x Tiefgang	110,50 x 17,60 x 7,34 m
Besatzungsstärke	477 Mann
Antrieb	3 x Dampfmaschine
Antriebsleistung	10.388 PS
Wellen	3
Geschwindigkeit	18,5 kn
Fahrstrecke	3840 sm bei 12 kn
Bewaffnung	2 x 21-cm-Geschütz, 8 x 15-cm-Geschütz, 10 x 8,8-cm-Geschütz, 10 x 3,7-cm-Geschütz, 3 x 45-cm-Torpedorohr
Einsatz in Ostasien	Ostasiatisches Kreuzergeschwader: Oktober 1899 bis Juli 1906

Der Große Kreuzer »Hansa« auf einer Gemäldedarstellung. (Foto: Archiv Autor)

Der Große Kreuzer »Hansa« während eines Dockaufenthaltes. (Foto: Bundesarchiv / DVM 10 Bild-23-61-41 / CC-BY-SA 3.0)

Das Schiff war allerdings sehr heiß. Das heißt: Die Besatzung war auf den Seewachstationen und in den Unterkünften außerordentlicher Hitze durch die Maschinenanlagen ausgesetzt. Durch Verbesserung der Ventilation konnte dieser Missstand nur teilweise behoben werden. In dem planerisch und konzeptionell vorgesehenen Einsatz des Schiffes als Auslandskreuzer hatte folglich die Besatzung in den tropischen Gewässern eine besonders starke Belastung zu ertragen. So musste zum Beispiel schon auf der Ausreise nach Ostasien von der »Hansa« vor Colombo eine längere Pause eingelegt werden, weil das schiffstechnische Personal erschöpft war.

Die drei Vierzylinder-Dreifach-Expansionsdampfmaschinen waren jeweils auf eine Welle geschaltet. Ihre Gesamtleistung betrug 10.388 PS. Damit erreichte das Schiff eine Geschwindigkeit von 18,5 Knoten.

Im Gegensatz zu der Vorgängerentwicklung, dem Großen Kreuzer »Kaiserin Augusta«, mit noch reiner Kasemattenaufstellung, war auf dem Großen Kreuzer »Hansa« ein Großteil der Artillerie in Turmaufstellung eingerüstet. An Schwerer Artillerie waren zwei 21-cm-Geschütze vorhanden. Acht 15-cm-Geschütze bildeten die Mittlere Artillerie. Ihre Aufstellung erfolgte an den Schiffsseiten sowohl in Einzeltürmen wie auch in Kasematten. Die Leichte Artillerie bestand aus zehn 8,8-cm-Geschützen. Zehn 3,7-cm-Maschinenkanonen ergänzten zeitweise die Leichte Artillerie. Weiterhin waren drei 45-cm-Torpedorohre eingerüstet.

Nach seiner Indienststellung kam der Große Kreuzer »Hansa« direkt in eine Auslandsverwendung. Schon am 16. August 1899 trat das Schiff die Ausreise nach Ostasien an. Am 13. Oktober erreichte es Singapur und war damit im Einsatzgebiet des Ostasiatischen Kreuzergeschwaders.

Kurz nach dem dortigen Auslaufen explodierte ein Kessel. Zwei Heizer kamen dabei ums Leben. Das Schiff kehrte nach Singapur zurück. Auch auf der Weiterreise nach China machte die Maschinenanlage häufig Probleme. Schanghai und

Der Große Kreuzer »Hansa« im Aussehen nach seinem Umbau. (Foto: Deutscher Marinebund)

Hongkong wurden im November und Dezember angelaufen. Im Januar/Februar 1900 wurde die »Hansa« Flaggschiff des Ostasiatischen Kreuzergeschwaders und besuchte im Februar Singapur. Mitte März traf sie in Tsingtau ein.

Der Große Kreuzer unternahm nun einige Kreuzfahrten durch das Stationierungsgebiet und kam von Juni bis August 1900 bei dem Boxeraufstand zum Einsatz. Von allen deutschen Schiffen hatte die »Hansa« mit 13 Toten und 24 Verwundeten die größten Verluste bei diesen Unruhen.

In den folgenden Jahren war der Große Kreuzer im gesamten Stationsgebiet unterwegs. Er besuchte Australien, die Philippinen, Japan und kreuzte häufig in chinesischen Gewässern. Am 4. Juli 1906 begann für die »Hansa« die Heimreise. Bei der Kaiserlichen Werft in Danzig stellte sie am 26. Oktober 1906 außer Dienst.

In den Jahren 1907 bis 1909 wurde das Schiff umfassend modernisiert und umgebaut. Dabei erhielt es eine neue Kesselanlage. Da nun ein Schornstein entfallen konnte, veränderte sich auch die Silhouette des Schiffes. Auch der bisher recht stark ausgelegte Gefechtsmast wurde durch einen leichteren Pfahlmast ersetzt. Am 1. April 1909 stellte die »Hansa« als Seekadetten- und Schiffsjungenschulschiff erneut in Dienst, blieb aber weiterhin als Großer Kreuzer klassifiziert. Es folgten zahlreiche Auslandsausbildungsreisen bis hin in die Karibik und in die USA.

Nach Kriegsausbruch kam das Schiff nochmals kurzzeitig in der Ostsee im Küstenschutz zum Einsatz. Am 16. November 1914 stellte der Große Kreuzer »Hansa« außer Dienst und wurde für den Rest des Krieges Wohnschiff in Kiel. Am 6. Dezember 1919 erfolgte die Streichung aus der Liste der Kriegsschiffe und dann der Verkauf zum Abwracken.

Der Große Kreuzer »Hansa« (Bildmitte) und der Große Kreuzer »Fürst Bismarck« (links) im Hafen von Tsingtau. (Foro: Bibliothek für Zeitgeschichte)

Kleiner Kreuzer »Hela«

Schiffstyp	Kleiner Kreuzer
Bauwerft	A.G. Weser, Bremen
Stapellauf	28. März 1895
Indienststellung	3. Mai 1896
Verdrängung	2082 t
Länge x Breite x Tiefgang	105,00 x 11,00 x 4,64 m
Besatzungsstärke	178 Mann
Antrieb	2 x Dampfmaschine
Antriebsleistung	5982 PS
Wellen	2
Geschwindigkeit	20,5 kn
Fahrstrecke	3000 sm bei 12 kn
Bewaffnung	4 x 8,8-cm-Geschütz, 6 x 5-cm-Geschütz, 3 x 45-cm-Torpedorohr
Einsatz in Ostasien	Ostasiatisches Kreuzergeschwader: August 1900 bis Juni 1901

Die Unzulänglichkeiten hinsichtlich der Seetüchtigkeit von den in Dienst stehenden und aus den Ende der 1880er und frühen 1890er Jahren stammenden Avisos »Wacht«, »Jagd«, »Meteor« und »Comet« führte zu einer Neukonzeption für diesen Schiffstyp. Als Aviso H wurde die »Hela« beauftragt. Gebaut wurde das Schiff bei der A.G. Weser in Bremen. Es lief am 28. März 1895 vom Stapel und stellte am 3. Mai 1896 in Dienst.

Der Quer- und Längsspanten-Stahlbau hatte zehn wasserdichte Abteilunge unter dem Panzerdeck, welches eine Stärke von 25 Millimeter aufwies. Wie damals üblich erhielt das Schiff einen Rammsteven. Es hatte eine Länge von 105 Meter und verdrängte 2082 Tonnen.

Zwei Dreizylinder-Dreifach-Expansionsdampfmaschinen wirkten jeweils auf eine Welle. Mit der Gesamtmaschinenleistung von 5982 PS erreichte die »Hela« eine Geschwindigkeit von 20,5 Knoten. Das Schiff hatte zunächst einen und ab 1910 zwei Schornsteine.

Die »Hela« war mit vier 8,8-cm- und sechs 5-cm-Geschützen ausgerüstet. Die einzelnen Geschütze waren mit Schutzschilden versehen. Die Bewaffnung wurde durch drei 45-cm-Torpedorohre ergänzt.

Nach seiner Indienststellung war der Kleine Kreuzer »Hela«, zu diesem Zeitpunkt noch als Aviso bezeichnet, im Flottendienst und als Begleitschiff der Kaiseryacht »Hohenzollern« eingesetzt. Im Jahre 1899 erfolgte dann die Umklassifizierung.

Im Sommer 1900 wurde der Kleine Kreuzer nach Ostasien beordert. Er war der sich ebenfalls nach Ostasien auf dem Weg befindlichen Linienschiffsdivision (siehe Kapitel »Brandenburg«) als Aviso zugeteilt worden. Am 9. Juli verließ die »Hela« Kiel und ankerte schon Ende August vor der Jangtsekiang-Mündung. Es war die Zeit des Boxeraufstandes in China.

An dessen Bekämpfung kam das Schiff nun im Gelben Meer, auf Wusung-Reede und dann wieder vor der Jangtsekiang-Mündung bis Mitte Dezember zum Einsatz. Anfang 1901 pendelte die »Hela« zwischen dem Seegebiet vor Schanghai und Tsingtau und war Ende Mai 1901 wieder in Schanghai, wo der Rückmarschbefehl nach Deutschland eintraf. Mit den Linienschiffen erreichte die »Hela« am 11. August 1901 Wilhelmshaven.

Anschließend stand wieder der normale Flottendienst mit Manövern und Auslandsreisen auf dem Fahrprogramm des

Der Kleine Kreuzer »Hela« (links) passiert das Panzerschiff »Bayern« (rechts). (Foto: Deutscher Mareinebund)

Der Kleine Kreuzer »Hela« auf einem Gemälde des Marinemalers Hugo Graf. (Foto: Hugo Graf)

Kleinen Kreuzers. In den Jahren 1902/1903 erfolgten Umbauten. Danach war wieder Flottendienst angesagt. Im Jahre 1910 standen nochmals Umbauten an. Die Kesselanlage wurde erneuert. Außerdem erhielt das Schiff einen zweiten Schornstein. Zwei 8,8-cm-Geschütze kamen von Bord.
In den Folgejahren war die »Hela« wieder in der Flotte aktiv. Ab Kriegsausbruch versah der Kleine Kreuzer Vorpostendienst in der Nordsee. Am 13. September 1914 erhielt er auf dem Weg von Helgoland nach Wilhelmshaven einen Torpedotreffer des englischen U-Bootes »E 9« und ist innerhalb von 20 Minuten gesunken. Bis auf zwei Mann konnte die Besatzung der »Hela« gerettet werden.

Der Kleine Kreuzer »Hela« war nach seinem Umbau von 1910 mit zwei Schornsteinen ausgerüstet und ist hier in norwegischen Gewässern zu sehen. (Foto: Anders Folkestadås)

Großer Kreuzer »Hertha«

Schiffstyp	Großer Kreuzer
Bauwerft	A.G. Vukcan, Stettin
Stapellauf	14. April 1897
Indienststellung	23. Juli 1898
Verdrängung	6491 t
Länge x Breite x Tiefgang	110,60 x 17,40 x 6,78 m
Besatzungsstärke	477 Mann
Antrieb	3 x Dampfmaschine
Antriebsleistung	10.312 PS
Wellen	3
Geschwindigkeit	19 kn
Fahrstrecke	3412 sm bei 12 kn
Bewaffnung	2 x 21-cm-Geschütz, 8 x 15-cm-Geschütz, 10 x 8,8-cm-Geschütz, 10 x 3,7-cm-Geschütz, 3 x 45-cm-Torpedorohr
Einsatz in Ostasien	Ostasiatisches Kreuzergeschwader: Mai 1899 bis Dezember 1904

Der Große Kreuzer »Hertha« gehörte zu den fünf Schiffen der »Victroria Louise«-Klasse (»Victoria Louise«, »Hertha«, »Freya«, »Vineta«, »Hansa«). Die bei dem Schwesterschiff »Hansa« gemachten Aussagen zu dem Bauprogramm, der schiffbaulichen Auslegung, der technischen Ausstattung und der Bewaffnung sind auch für die »Hertha« zutreffend. Geringe Abweichungen bei den technischen Daten sind in der nebenstehenden Tabelle aufgeführt. Die Namensgebung des Schiffes geht zurück auf die germanische Göttin des Wachstums und der Fruchtbarkeit.

Der Große Kreuzer »Hertha« wurde bei der A.G. Vulcan in Stettin gebaut. Er lief dort am 14. April 1897 vom Stapel und stellte am 23. Juli 1898 in Dienst.

Die »Hertha« verließ am 18. September 1898 Kiel, um zu einem Einsatz in das Mittelmeer zu verlegen. Dabei war sie zeitweise Begleitschiff der Kaiseryacht »Hohenzollern«, die sich auf einer Orient-Reise befand. Im November hielt sich die »Hertha« zu Überholungs- und Reparaturarbeiten in Genua auf. Dort erreichte der Marschbefehl nach Fernost das Schiff. Am 11. April 1899 begann die Ausreise. Über mehrere Zwischenhäfen wurde am 21. Mai Singapur und damit das Stationsgebiet erreicht. Am 8. Juni traf der Große Kreuzer in Tsingtau ein. In den nächsten Monaten war die »Hertha« in chinesischen Gewässern unterwegs. Im Februar 1900 wurde sie für sechs Monate Flaggschiff des Ostasiatischen Kreuzergeschwaders.

Ab dem Sommer 1900 folgte der Einsatz in dem in China ausgebrochenen Boxeraufstand, der sich bis in den Oktober hinzog. Der Große Kreuzer hatte bei den Kämpfen sieben Tote zu beklagen.

Im Jahre 1901 kreuzte die »Hertha« in den chinesischen Gewässern, hielt sich längere Zeit in Tsingtau auf und brach im Oktober zu einer Reise in die indonesische Inselwelt auf. Im Mai 1902 folgte eine Grundreparatur in Japan und danach ein längerer Aufenthalt in Tsingtau. Diesem schloss sich wieder der Stationsdienst in chinesischen Gewässern an.

Im Dezember 1904 heimberufen, trat der Große Kreuzer

Der Große Kreuzer »Hertha« in seinem ersten Aussehen mit drei Schornsteinen. (Foto: Deutscher Marinebund)

Der Große Kreuzer »Hertha« im Hafen von Daressalam in Deutsch-Ostafrika. (Foto: Kurt von Schleinitz)

»Hertha« am 31. Dezember 1904 die Rückreise an. Dabei wurde Daressalam in Deutsch-Ostafrika angelaufen. Am 12. Mai 1905 stellte das Schiff in Kiel außer Dienst.
Hier begann in der Kaiserlichen Werft eine Grundüberholung und Modernisierung sowie der Umbau zum Seekadetten- und Schiffsjungenschulschiff. Am 7. April 1908 setzte die »Hertha« erneut Flagge und Wimpel. Es folgten zahlreiche Auslandsausbildungsreisen, die bis nach Westindien führten. Ende Juli 1914 ankerte der Große Kreuzer »Hertha« vor Edinburgh und war so das letzte deutsche Kriegsschiff, das vor Kriegsausbruch noch einen englischen Hafen besuchte. Nach dem Kriegsausbruch kam der Große Kreuzer noch kurzzeitig im Küstenschutz in der Ostsee zum Einsatz. Er stellte dann am 16. November 1914 außer Dienst, blieb aber in Flensburg der Kaiserlichen Marine als Wohnschiff erhalten. Die Streichung aus der Liste der Kriegsschiffe erfolgte am 6. Dezember 1919. Danach wurde der ehemalige Große Kreuzer »Hertha« verkauft und abgewrackt.

Der Große Kreuzer »Hertha« nach dem Umbau zum Schulschiff. (Foto: Deutscher Marinebund)

Der Große Kreuzer »Hertha« ankert als Schulschiff über die Toppen geflaggt vor einem ausländischen Hafen. (Foto: Archiv Autor)

Kanonenboot »Iltis«

Schiffstyp	Kanonenboot
Bauwerft	Schichau Werft, Danzig
Stapellauf	4. August 1898
Indienststellung	1. Dezember 1898
Verdrängung	1048 t
Länge x Breite x Tiefgang	65,20 x 9,10 x 3,63 m
Besatzungsstärke	130 Mann
Antrieb	2 x Dampfmaschine
Antriebsleistung	1378 PS
Wellen	2
Geschwindigkeit	14,5 kn
Fahrstrecke	3080 sm bei 9 kn
Bewaffnung	4 x 8,8-cm-Geschütz, 6 x 3,7-cm-Geschütz
Einsatz in Ostasien	Ostasiatisches Kreuzergeschwader: April 1899 bis September 1914

Das Kanonenboot »Iltis« war das Typschiff der aus sechs Einheiten bestehenden »Iltis«-Klasse (»Iltis«, »Jaguar«, »Tiger«, »Luchs«, »Panther«, »Eber«). Die Kanonenboote der »Iltis«-Klasse waren für den Auslandsdienst bestimmt. Das Typschiff entstand auf der Schichau Werft in Danzig, wo es am 4. August 1898 vom Stapel lief. Noch im gleichen Jahr stellte die »Iltis« am 1. Dezember in Dienst.

Sie war das zweite Kanonenboot der Kaiserlichen Marine mit diesem Namen. Die erste am 18. September 1878 vom Stapel gelaufene »Iltis« geriet am 23. Juli 1896 in einem Sturm vor der chinesischen Küste bei dem Kap Schantung auf ein Riff und brach in der Folge auseinander. Bei dem Unglück ertranken 71 Mann der Besatzung.

Die neue »Iltis« war ein Querspanten-Stahl-Holz-Kompositbau von rund 65 Meter Länge und 1048 Tonnen Verdrängung. Der Rumpf war in elf wasserdichte Abteilungen unterteilt. Das Kanonenboot war hochseetüchtig, konnte aber auch im vorgesehenen Einsatzgebiet auf den engen und flachen Reviergewässern der Flüsse operieren.

Der Antrieb des Kanonenbootes erfolgte über zwei Dreizylinder-Dreifach-Expansionsdampfmaschinen, die auf zwei Wellen aufgeschaltet waren. Mit den insgesamt 1378 PS erreichte die »Iltis eine Geschwindigkeit von 14,5 Knoten.

Die Bewaffnung setzte sich aus vier 8,8-cm-Geschützen und sechs 3,7-cm-Maschinenkanonen zusammen.

Am 6. Februar 1899 verließ das Kanonenboot »Iltis« Kiel und begann seine Reise nach Fernost. Am 27. April wurde mit Singapur das Stationsgebiet erreicht und am 18. Mai lief das Kanonenboot in Tsingtau ein. Es folgte die übliche Verwendung als Stationär im Kolonialdienst.

Bei dem im Mai 1900 ausgebrochenen Boxeraufstand kam

Das Kanonenboot »Iltis« auf einer Gemäldedarstellung des Marinemalers Hugo Graf. (Foto: Hugo Graf)

Das Kanonenboot »Iltis« im Verband des Ostasiatischen Kreuzergeschwaders. (Foto: Deutscher Marinebund)

Das Kanonenboot »Iltis (im Hintergrund) und das Flusskanonenboot »Vaterland« (vorne). (Foto: Deutscher Marinebund)

das Kanonenboot zum Einsatz. Insbesondere an der Niederkämpfung der Taku-Forts war die »Iltis« am 17. Juni 1900 maßgeblich beteiligt. Dabei erhielt das Kanonenboot mehrere schwere Treffer. Sieben tote und elf verwundete Besatzungsmitglieder waren zu beklagen. Mit Bordmitteln repariert, blieb die »Iltis« bis zum 6. August im Einsatz und lief dann zur Instandsetzung nach Schanghai.

Ab Oktober 1900 folgte dann bis zum Kriegsausbruch 1914 wieder der übliche Stationsdienst in den chinesischen Küstengewässern und Flüssen. Unterbrechungen gab es durch Reparaturen und Werftliegezeiten, Aufenthalte in Tsingtau und Besuche von chinesischen und japanischen Häfen.

Am 15. Juni 1914 war das Kanonenboot von einem Aufenthalt in Schanghai nach Tsingtau zurückgekehrt, um dort Reparaturarbeiten durchführen zu lassen. Bei Kriegsbeginn stellte das Kanonenboot jedoch am 7. August außer Dienst. Ein Teil der Besatzung kam als Verstärkung auf den Hilfskreuzer »Cormoran«. Die Restbesatzung wurde beim Vorrücken der Japaner an der Landfront eingesetzt.

In der Nacht vom 28. auf 29. September 1914 wurde das Kanonenboot »Iltis« im Innenhafen von Tsingtau zusammen mit dem Schwesterschiff »Luchs« und dem Kanonenboot – ehemals Kleiner Kreuzer – »Cormoran« selbst versenkt.

Kleiner Kreuzer »Irene«

Schiffstyp	Kleiner Kreuzer
Bauwerft	A.G. Vulcan, Stettin
Stapellauf	23. Juli 1887
Indienststellung	25. Mai 1888
Verdrängung	5027 t
Länge x Breite x Tiefgang	103,70 x 14,20 x 7,63 m
Besatzungsstärke	365 Mann
Antrieb	2 x Dampfmaschine
Antriebsleistung	8223 PS
Wellen	2
Geschwindigkeit	18 kn
Fahrstrecke	2490 sm bei 9 kn
Bewaffnung	siehe Text
Einsatz in Ostasien	Ostasiatische Kreuzerdivision: Februar 1895 bis November 1897 Ostasiatisches Kreuzergeschwader: November 1897 bis Juni 1901

Der Kleine Kreuzer »Irene« war als Kreuzerkorvette geplant und bei der A.G. Vulcan in Stettin beauftragt worden. Im Jahr 1893 wurde das Schiff in einen Kreuzer II. Klasse und 1899 in einen Kleinen Kreuzer umklassifiziert. Sein Stapellauf fand am 23. Juli 1887 statt. Die Indienststellung erfolgte am 25. Mai 1888. Die Namensgebung geht zurück auf Irene Prinzessin von Hessen, der Gemahlin von Prinz Heinrich von Preußen, dem Bruder von Kaiser Wilhelm II. Mit der »Prinzess Wilhelm« hatte die »Irene« ein Schwesterschiff.

Der Kleine Kreuzer »Irene« war ein Quer- und Längsspanten-Stahlbau mit zehn wasserdichten Abteilungen. Bei 103,70 Meter Länge verdrängte das Schiff 5027 Tonnen. Die »Irene« gehörte auch zu den ersten größeren Einheiten der Kaiserlichen Marine, bei denen keine Takelage mehr vorgesehen war. Außerdem erhielt erstmals ein Kreuzertyp ein Panzerdeck. Es hatte eine Stärke von 20 bis 30 Millimeter.

Der Antrieb der »Irene« erfolgte durch zwei Zweizylinder-Zweifach-Expansionsdampfmaschinen mit einer Gesamtleistung von 8223 PS. Sie wirkten jeweils auf eine Welle und ermöglichten eine Geschwindigkeit von 18 Knoten.

Bewaffnet war der Kleine Kreuzer »Irene« mit 14 15-cm-Ringkanonen und sechs 3,7-cm-Revolverkanonen sowie mit drei 35-cm-Torpedorohren. Ab dem Jahr 1893 war er ausgerüs-

Der Kleine Kreuzer »Irene« auf einer Gemäldedarstellung. (Foto: James Scott Maxwell)

Kleiner Kreuzer »Irene«. (Foto: Archiv Autor)

tet mit vier 15-cm-Ringkanonen, acht 10,5-cm-Schnellladekanonen und sechs 5-cm-Maschinenkanonen. Die Torpedobewaffnung blieb bei der Umrüstung erhalten.

Nach Beendigung der Probefahrten ging die «Irene« bis zum 1. April 1889 außer Dienst. Dann begann der aktive Flottendienst mit Manövertätigkeit und Auslandsreisen. Vom 24. September 1890 bis zum 1. November 1894 war das Schiff wieder außer Dienst. Grund war der große Mangel an Offizieren und Mannschaften in der Kaiserlichen Marine. In dieser Zeit wurde auch wie oben beschrieben die Bewaffnung auf den moderneren technischen Stand gebracht.

Am 17. November 1894 lief der Kleine Kreuzer »Irene« nach Ostasien aus, traf am 14. Februar 1895 in Tschifu in der chinesischen Provinz Shandong ein und wurde bis Juli das Flaggschiff der Ostasiatische Kreuzerdivision.

Der Kleine Kreuzer »Irene« kam anschließend für die nächsten Jahre in den chinesischen Küstengewässern im Stationsdienst zum Einsatz. Dabei besuchte das Schiff auch Japan und war häufig in den Häfen – unter anderem auch zu Überholungen – von Schanghai und Hongkong. Am 2. Dezember 1897 lief die »Irene« erstmals das Mitte November besetzte Tsingtau an. Am 23. November hatte sich auch die Verbandsbezeichnung von Ostasiatische Kreuzerdivision in Ostasiatisches Kreuzergeschwader geändert.

Der weiterhin in den chinesischen Gewässern fortgesetzte Stationsdienst wurde im Mai 1898 durch eine Verlegung nach den Philippinen unterbrochen. Im Oktober fuhr die »Irene« zu einer Überholung nach Nagasaki und war im November wieder in Manila. Erst im Februar 1899 kehrte der Kleine Kreuzer wieder zur chinesischen Küste zurück.

Auf Tsingtau abgestützt, begann erneut der übliche Stationsdienst, der gelegentlich durch Hafenbesuche in Korea und Russland und Werftaufenthalte in Nagasaki unterbrochen war.

Während des Boxeraufstandes in China blieb der Kleine Kreuzer »Irene« als ältestes Schiff des Ostasiatischen Kreuzergeschwaders in Tsingtau zurück. Lediglich im Juni war er durch eine kleine Landungsabteilung und durch Truppentransporte von Tsingtau an die chinesische Küste in die Geschehnisse eingebunden. Als im Juni 1901 die Feindseligkeiten eingestellt waren, trat am 27. Juni der Kleine Kreuzer »Irene« die Heimreise an, lief am 22. September in Wilhelmshaven ein und stellte am 1. Oktober 1901 in Danzig außer Dienst.

Obwohl technisch absolut nicht mehr auf aktuellem Stand, wurde die »Irene« in den Jahren 1903 bis 1905 auf der Kaiserlichen Werft in Wilhelmshaven nochmals modernisiert, ging aber nicht mehr in den aktiven Dienst zurück.

Am 17. Februar 1914 erfolgte die Streichung aus der Liste der Kriegsschiffe. Bis Kriegsende fand eine Weiterverwendung als Wohnschiff statt. Im Jahre 1921 kam dann für den Kleinen Kreuzer »Irene« der Verkauf zum Abwracken.

Kanonenboot »Jaguar«

Schiffstyp	Kanonenboot
Bauwerft	Schichau Werft, Danzig
Stapellauf	19. September 1898
Indienststellung	4. April 1899
Verdrängung	1048 t
Länge x Breite x Tiefgang	65,20 x 9,10 x 3,63 m
Besatzungsstärke	130 Mann
Antrieb	2 x Dampfmaschine
Antriebsleistung	1378 PS
Wellen	2
Geschwindigkeit	14,5 kn
Fahrstrecke	3080 sm bei 9 kn
Bewaffnung	4 x 8,8-cm-Geschütz, 6 x 3,7-cm-Geschütz
Einsatz in Ostasien	Ostasiatisches Kreuzergeschwader: September 1899 bis November 1914

Das Kanonenboot »Jaguar« gehörte zu der aus sechs Einheiten bestehenden »Iltis«-Klasse (siehe Kapitel »Iltis«). Genau wie das Schwesterschiff »Iltis« wurde auch die »Jaguar« auf der Schichau Werft in Danzig gebaut und war für den Auslandsdienst in Übersee vorgesehen. Das Boot ist in seiner schiffbaulichen Auslegung, der Schiffstechnik und der Bewaffnung identisch. Es lief am 19. September 1898 vom Stapel und stellte am 4. April 1899 in Dienst.

Am 1. Juni 1899 verließ das Kanonenboot »Jaguar« Kiel und begab sich über mehrere Zwischenhäfen auf den Weg nach Fernost. Während des Transits erhielt das Kanonenboot den Befehl die Karolinen-, die Marianen- und die Palau-Inseln aufzusuchen und als Zeichen der Inbesitznahme die deutsche Flagge zu hissen. Mitte September erreichte die »Jaguar« Neu-Pommern/Bismarck-Archipel, nahm den deutschen Gouverneur an Bord und führte anschließend diese Anordnung aus.

Im Dezember 1899 ließ die »Jaguar« in Schanghai Reparaturen vornehmen und erreichte am 4. Januar 1900 Tsingtau. Damit begann der Stationsdienst in den Küstengewässern und Flüssen von China. Ab Juni kam das Kanonenboot mit

Das Kanonenboot »Jaguar« auf einer Gemäldedarstellung. (Foto: Archiv Autor)

Kanonenboot »Jaguar«. (Foto: Arthur Renard)

wechselnden Aufgaben im Boxeraufstand zum Einsatz, was bis zum Sommer 1901 währte.
Das Kanonenboot war im Februar 1902 an der Sicherung des Rückzuges des deutschen Ostasiatischen Expeditionskorps eingebunden. Im März befand sich die »Jaguar« zur Reparatur in Nagasaki.
In den Folgejahren war die »Jaguar« in den üblichen Stationsdienst eingebunden. Im November 1908 kam es auf den Karolinen-Inseln zu einem Polizeieinsatz und danach machte das Schiff eine Rundreise durch das Seegebiet der Marianen- und Karolinen-Inseln. Im März 1909 waren auf Samoa Unruhen ausgebrochen, worauf eine Entsendung des Kanonenbootes nach dorthin erfolgte. Ende Mai war die »Jaguar« wieder in ihrem angestammten Stationsgebiet und patrouillierte vor der chinesischen Küste.
Auch in den Folgejahren blieb es bei dieser Tätigkeit, die immer mal wieder durch Aufenthalte in Tsingtau unterbrochen war. Im Juli 1914 musste die »Jaguar« in Schanghai in einem englisch Dock Reparaturen vornehmen lassen. Angesichts der sich zuspitzenden internationalen Lage wurde das Kanonenboot am 31. Juli ausgedockt und verließ unbemerkt von den dort liegenden gefechtsklaren englischen Kriegsschiffen nachts den Hafen von Schanghai in Richtung Tsingtau, wo es am 4. August 1914 ankam.
Dort war die »Jaguar« das einzige Kriegsschiff, das bis kurz vor dem Fall von Kiautschou einsatzfähig blieb. Es beteiligte sich an den Abwehrkämpfen gegen die Japaner durch Landzielbeschuss mit seinen Geschützen. Am 4. Oktober erhielt das Kanonenboot einen Volltreffer in den Bug. In der Nacht vom 7. auf 8. November 1914 wurde die »Jaguar« als letztes Schiff im Hafen von Tsingtau gesprengt und versenkt.

Großer Kreuzer »Kaiser«

Schiffstyp	Großer Kreuzer
Bauwerft	Samuda Brothers, London, Großbritannien
Stapellauf	19. März 1874
Indienststellung	13. Februar 1875
Verdrängung	8940 t
Länge x Breite x Tiefgang	89,34 x 19,10 x 7,93 m
Besatzungsstärke	600 Mann
Segelfläche	1623 m²
Antrieb	1 x Dampfmaschine
Antriebsleistung	5779 PS
Wellen	1
Geschwindigkeit	14,5 kn
Fahrstrecke	2470 sm bei 10 kn
Bewaffnung	siehe Text
Einsatz in Ostasien	Ostasiatische Kreuzerdivision: Juli 1895 bis November 1897 Ostasiatisches Kreuzergeschwader: Dezember 1897 bis Juni 1899

Die Planungen für die Panzerfregatte »Kaiser« und das Schwesterschiff »Deutschland« gehen noch auf den Flottenbauplan des Norddeutschen Bundes zurück. Als Anfang der 1870er Jahre der Bau beginnen sollte, gab es in Deutschland jedoch nur drei Betriebe, die Kaiserlichen Werften in Wilhelmshaven und Kiel sowie A.G. Vulcan in Stettin, welche hierzu in der Lage waren. Da die Werften in ihrer Kapazität ausgelastet waren und die deutsche Industrie noch nicht qualitativ ausreichend zuliefern konnte, ging der Bauauftrag notgedrungen nach England.

Auf der Werft Samuda Brothers lief die »Kaiser« am 19. März 1874 in London vom Stapel. Im Januar 1875 absolvierte das Schiff seine ersten Probefahrten und am 13. Februar wurde es offiziell übernommen und setzte erstmals die deutsche Flagge. Einen Monat später folgte die Überführung der Panzerfregatte nach Wilhelmshaven, wo die Bewaffnung eingebaut wurde. Im Laufe der Indiensthaltung wurde die Klassifizierung in Panzerschiff (1884), Panzerschiff II. Klasse (1893) und schließlich in Großer Kreuzer (1897) geändert.

Die »Kaiser« war ein Quer-Längsspanten-Eisenbau mit neun wasserdichten Abteilungen. Das rund 89 Meter lange und 8940 Tonnen verdrängende Kasemattschiff war außerdem als Vollschiff getakelt und hatte eine Segelfläche von 1623 Quadratmeter. Es war ein gutes Seeschiff und hatte vorzügliche Manövriereigenschaften.

Der Antrieb bestand aus einer Zweizylinder-Einfach-Expansionsdampfmaschine mit 5779 PS Leistung. Damit erreichte die »Kaiser« eine Geschwindigkeit von 14,5 Knoten.

Die Bewaffnung wurde mehrmals geändert und immer wieder modernisiert. Als Großer Kreuzer waren eine 15-cm-Ringka-

Der Große Kreuzer »Kaiser« in seinem ursprünglichen Aussehen als Panzerfregatte. (Foto: Archiv Autor)

Der Große Kreuzer »Kaiser« in seinem letzten Aussehen. (Foto: Deutscher Marinebund)

Großer Kreuzer »Kaiser«. (Foto: Archiv Autor)

none, acht 26-cm-Ringkanonen, sechs 10,5-cm-Schnellladekanonen, neun 8,8-cm-Schnellladekanonen und zwölf 3,7-cm-Maschinenkanonen sowie fünf 35-cm-Torpedorohre an Bord.

Die »Kaiser« war nach ihrer Indienststellung bis zum September 1891 in den damals üblichen Flottendienst integriert. Mehrmals stellte das Schiff auch zwischenzeitlich außer Dienst. In den Jahren 1891 bis 1895 erfolgte ein größerer Umbau auf der Kaiserlichen Werft in Wilhelmshaven. Das Schiff erhielt ein Panzerdeck, die Takelage kam von Bord, die Armierung wurde modernisiert und die alten englischen Kessel wurden durch moderne deutsche Fabrikate ersetzt.

Im April 1895 erhielt das Panzerschiff II. Klasse »Kaiser« den Befehl zur Verlegung nach Ostasien. Am 4. Mai 1895 trat das Schiff seine Reise an und erreichte über die üblichen Kohlestationen und Zwischenhäfen am 18. Juni Singapur. Über Hongkong und Amoy ging es dann weiter nach Schanghai, wo die »Kaiser« am 10. Juli eintraf und in die sich dort befindende Ostasiatische Kreuzerdivision eingegliedert wurde. Noch am selben Tag wurde sie deren Flaggschiff.

Danach begannen die üblichen Tätigkeiten des Verbandes. Sie führten in das Gelbe Meer und in chinesische Gewässer. Auch japanische Häfen wurden des Öfteren angelaufen, ebenso Schanghai. Ab Sommer 1896 war die Kreuzerdivision damit beschäftigt an der chinesischen Küste einen geeigneten Ort zu erkunden zwecks Einrichtung eines dauerhaften Stützpunktes in Ostasien. Über den Jahreswechsel 1896/1897 lag die »Kaiser« zu einer längeren Überholung in Hongkong. Danach wieder der Stationsdienst an der chinesischen Küste und der Besuch japanischer Häfen bis zum Herbst des Jahres 1897. Im November besetzte die Kreuzerdivision mit der »Kaiser« als Flaggschiff Tsingtau mit dem Ziel, hier einen deutschen Marinestützpunkt zu errichten.

In Deutschland erging am 23. November der Befehl, dass zur Verstärkung eine zweite Kreuzerdivision in Marsch zu setzen sei. Gleichzeitig wurde angeordnet, dass sich beide Kreuzerdivisionen zum Ostasiatischen Kreuzergeschwader zu vereinen hätten. Am 16. Dezember 1897 trat die II. Kreuzerdivision unter Führung von Konteradmiral Prinz Heinrich von Preußen, dem Bruder von Kaiser Wilhelm II, die Ausreise nach Ostasien an. Flaggschiff war das Schwesterschiff der »Kaiser«, der Große Kreuzer »Deutschland«. Am 5. Mai 1898 erreichte der Verband Tsingtau.

Der Große Kreuzer »Kaiser« lag ab Mai 1898 zu einer Werftüberholung in Nagasaki. Im August verlegte das Schiff in philippinische Gewässer und besuchte anschließend Batavia, Singapur und Hongkong. Bis zum Mai 1899 war die »Kaiser« in verschiedene Aktivitäten des Ostasiatischen Kreuzergeschwaders eingebunden, machte Einzelfahrten im Stationsgebiet und war kurzzeitig Flaggschiff der II. Division. Am 11. Juni 1899 trat die »Kaiser« ihre Heimreise nach Deutschland an und ankerte am 21. September vor Kiel.

In Danzig wurde das Schiff am 10. Oktober 1899 nach 24 1/2-jähriger Dienstzeit in der Kaiserlichen Marine außer Dienst gestellt. Bis in das Jahr 1904 lag das Schiff noch in Reserve, wurde dann Hafenschiff und am 12. Oktober 1905 in »Uranus« umbenannt bevor am 21. Mai 1906 die Streichung aus der Liste der Kriegsschiffe erfolgte. Im Jahre 1920 wurde die ehemalige »Kaiser« abgewrackt.

Großer Kreuzer »Kaiserin Augusta«

Schiffstyp	Großer Kreuzer
Bauwerft	Germaniawerft, Kiel
Stapellauf	15. Januar 1892
Indienststellung	17. November 1892
Verdrängung	6318 t
Länge x Breite x Tiefgang	123,20 x 15,60 x 7,40 m
Besatzungsstärke	430 Mann
Antrieb	3 x Dampfmaschine
Antriebsleistung	14.015 PS
Wellen	3
Geschwindigkeit	21,5 kn
Fahrstrecke	3240 sm bei 12 kn
Bewaffnung	12 x 15-cm-Geschütz, 8 x 8,8-cm-Geschütz, 5 x 35-cm-Torpedorohr
Einsatz in Ostasien	Ostasiatisches Kreuzergeschwader: Dezember 1897 bis März 1902

Zunächst wurde die »Kaiserin Augusta« als Kreuzerkorvette und dann ab August 1893 als Kreuzer II. Klasse bezeichnet. Im Februar 1899 erfolgte die Umklassifizierung in Großer Kreuzer. Gebaut wurde das Schiff auf der Germaniawerft in Kiel. Es lief am 15. Januar 1892 vom Stapel und stellte am 17. November 1892 in Dienst. Namensgeberin für den Großen Kreuzer ist Augusta von Sachsen-Weimar-Eisenach, die Gemahlin von Kaiser Wilhelm I.
Der Große Kreuzer war als Stahlbau in Quer- und Längsspanten-Bauweise gefertigt. Er besaß zehn wasserdichte Abteilungen. Das Panzerdeck wies eine Dicke von 50 bis 70 Millimeter auf. Der Große Kreuzer war für den Auslandsdienst und den Handelskrieg konzipiert. Demzufolge besaß das Schiff nur einen geringen Panzerschutz und eine mittelstarke Bewaffnung, aber eine starke Maschinenanlage mit der daraus resultierenden hohen Geschwindigkeit. Die »Kaiserin Augusta« war zeitweise das schnellste Schiff der Kaiserlichen Marine. Außerdem war sie eines der ersten größeren Kampfschiffe, die ohne eine Takelage, also ohne Hilfsantrieb durch Segel, konzipiert und gebaut wurden. Sie verdrängte 6318 Tonnen und hatte eine Schiffslänge von 123,20 Meter.
Die drei Dreizylinder-Dreifach-Expansionsdampfmaschinen erhielten aus acht Kesseln ihren Dampf. Die Abführung von Rauch und Abgasen erfolgte über drei Schornsteine. Für die normale Marschfahrt wurden die beiden Außenwellen verwendet. Die dann ausgekuppelte Mittelwelle drehte bei stehender Mittelmaschine leer mit. Für langsame Fahrt war wiederum für das Manövrieren und die seemännische Handhabung des Schiffes der alleinige Betrieb der Mittelwelle mit dem direkt dahinter angebrachten Ruder günstiger. Der Große Kreuzer war das erste Drei-Wellen-Schiff der Kaiserlichen Marine. Mit seiner Maschinenleistung von 14.015 PS erreichte er eine Geschwindigkeit von 21,5 Knoten.
Die Bewaffnung des Großen Kreuzers »Kaiserin Augusta« unterlag zahlreichen Änderungen. In der Dienstzeit als Auslandskreuzer von 1895 bis 1902 bestand die Bewaffnung aus den konstruktiv vorgesehenen zwölf 15-cm- und acht 8,8-cm-Geschützen. Die Aufstellung der Artillerie erfolgte auf beiden Schiffsseiten in sogenannten Schwalbennestern. Leichte Stahlschilde gaben lediglich Schutz gegen Gewehrfeuer oder Splitter. Fünf 35-cm-Torpedorohre ergänzten die Bewaffnung.
Rund zehn Jahre erfolgte der Einsatz des Großen Kreuzers »Kaiserin Augusta« in außerheimischen Gewässern, überwiegend in Ostasien. Mit dem Erreichen von Singapur wurde er am 14. Dezember 1897 dem Ostasiatischen Kreu-

Der Große Kreuzer »Kaiserin Augusta« läuft eine hohe Fahrtstufe. (Foto: Deutscher Marinebund)

zergeschwader unterstellt. Er kam danach in chinesischen Gewässern zum Einsatz und führte in der Region zahlreiche Auslandsbesuche durch. Im Rahmen der internationalen Aktivitäten während des Boxeraufstandes in China war das Schiff ebenfalls aktiv beteiligt. Am 6. März 1902 ging die »Kaiserin Augusta« auf Heimatkurs und erreichte am 7. Juni Kiel. In ihrer Begleitung befanden sich die beiden Torpedoboote »S 91« und »S 92«.

Obwohl schon veraltet, wurden dennoch 1903 bis 1905 Umbau- und Modernisierungsmaßnahmen vorgenommen. Anschließend ging der Große Kreuzer »Kaiserin Augusta« in den Reservestaus und wurde erst bei Kriegsausbruch zum Küstenschutz in der Ostsee sowie als Ziel- und Artillerieschulschiff wieder reaktiviert. Am 14. Dezember 1918 stellte das Schiff endgültig außer Dienst. Am 1. Oktober 1919 folgte die Streichung aus der Liste der Kriegsschiffe und danach der Verkauf zum Abbruch.

Eine Postkartendarstellung des Großen Kreuzers »Kaiserin Augusta«. (Foto: Archiv Autor)

Der Große Kreuzer »Kaiserin Augusta« als Ankerlieger. (Foto: Archiv Autor)

Linienschiff »Kurfürst Friedrich Wilhelm«

Das Linienschiff »Kurfürst Friedrich Wilhelm« war eine der vier Einheiten der »Brandenburg«-Klasse (siehe Kapitel »Brandenburg«). Gelegentlich wird es auch als Typschiff dieser Klasse bezeichnet, da es vor der »Brandenburg« vom Stapel gelaufen war. Gebaut wurde die »Kurfürst Friedrich Wilhelm« auf der Kaiserlichen Werft in Wilhelmshaven. Sie lief dort am 30. Juni 1891 vom Stapel. Die Indienststellung erfolgte am 29. April 1894. Die Namensgebung geht zurück auf Kurfürst Friedrich Wilhelm von Brandenburg, auch Großer Kurfürst genannt.

Die schiffbauliche und technische Auslegung sowie die Bewaffnung des Linienschiffes sind im Kapitel zur »Brandenburg« behandelt. Davon abweichend hatte die »Kurfürst Friedrich Wilhelm« eine Maschinenleistung von 9686 PS. Von 1894 bis 1900 war das Linienschiff Flaggschiff des Manövergeschwaders und fungierte als solches auch beim Einsatz der vier Linienschiffe anlässlich des Boxeraufstandes in China.

Nach der Ankunft in Ostasien operierte das Linienschiff ab September 1900 auf Wusung-Reede und der Jangtsekiang-Mündung. Ende September verlegte das Schiff vorübergehend in das Gelbe Meer und anschließend wieder zurück auf Wusung-Reede. Im Januar 1901 führte die »Kurfürst Friedrich Wilhelm« in Nagasaki eine Grundüberholung durch. Im März fand dann eine Zusammenführung der gesamten Linienschiffsdivision in Tsingtau statt. Der Verband machte von dort taktische Übungen. Die »Kurfürst Friedrich Wilhelm« operierte anschließend im Seegebiet vor Schanghai. Dort erreichte am 26. Mai 1901 der Rückmarschbefehl nach Deutschland das Schiff. Am 1. Juni traten die vier Linienschiffe von Schanghai aus die Heimreise an. Sie liefen am 11. August 1901 in Wilhelmshaven ein.

In den Jahren von 1901 bis 1905 kam es zum Umbau der vier Linienschiffe auf der Kaiserlichen Werft in Wilhelmshaven (siehe Kapitel »Brandenburg«). Nach dem Umbau waren die Einheiten wieder im Flottendienst aktiv, aber auch häufig in Reserve.

Bei der »Kurfürst Friedrich Wilhelm« und dem Schwesterschiff »Weißenburg« kam es im Sommer 1910 für jeweils neun Millionen Reichsmark zum Verkauf an die Türkei und zur Eingliederung in die osmanische Flotte. Am 31. Juli 1910 wurde die »Kurfürst Friedrich Wilhelm« aus der Liste der Kriegsschiffe gestrichen und am 1. September offiziell übergeben sowie in »Barbaros Hayreddin« umbenannt. Sie kam im II. Balkankrieg zum Einsatz. Im Ersten Weltkrieg versenkte am 8. August 1915 im Marmarameer das englische U-Boot »E 11« die »Barbaros Hayreddin«.

Das Linienschiff »Kurfürst Friedrich Wilhelm« als »Barbaros Hayreddin« unter türkischer Flagge. (Foto: Archiv Autor)

Das Linienschiff »Kurfürst Friedrich Wilhelm« auf einer Gemäldedarstellung des Marinemalers Hugo Graf. (Foto: Hugo Graf)

Linienschiff »Kurfürst Friedrich Wilhelm«. (Foto: Arthur Renard)

Tender »Lauting«

Schiffstyp	Tender
Bauwerft	Howaldtswerke, Kiel
Stapellauf	10. November 1906
Indienststellung	1907
Verdrängung	582 t
Länge x Breite x Tiefgang	43,40 x 9,00 x 3,02 m
Besatzungsstärke	? Mann (zivil)
Antrieb	1 x Dampfmaschine
Antriebsleistung	450 PS
Wellen	1
Geschwindigkeit	10 kn
Fahrstrecke	3200 sm bei 7 kn
Bewaffnung	120–150 Minen
Einsatz in Ostasien	Ostasiatisches Kreuzergeschwader: 1907 bis September 1914

Die Reichsdienstflagge der Kaiserlichen Marine 1893–1918. (Foto: David Liuzzo)

Die »Lauting« war ein für das Schutzgebiet Kiautschou vorgesehener Tender, Schlepper und Minenleger. Gebaut wurde das Schiff bei den Howaldtswerken in Kiel, wo es am 10. November 1906 vom Stapel lief. Die Namensgebung geht zurück auf den höchsten in der Kolonie gelegenen Berg.

Nach Fertigstellung und Absolvierung der Probefahrten wurde die »Lauting« wieder zerlegt, nach Tsingtau verschifft und dort wieder zusammengebaut. Sie hatte eine Zivilbesatzung und fuhr unter der Reichsdienstflagge.

Der Antrieb des 582 Tonnen verdrängenden und rund 43 Meter langen Schiffes bestand aus einer Dreizylinder-Dreifach-Expansionsdampfmaschine mit 450 PS, die ihm eine Geschwindigkeit von 10 Knoten ermöglichte. Eine Bewaffnung war nicht vorhanden. Allerdings hatte das Schiff Einrichtungen zur Aufnahme und Verlegung von Minen.

In Friedenszeiten diente die »Lauting« dem Ostasiatischen Kreuzergeschwader als Tender und kam im Kaiserlichen Gouvernement Tsingtau auch als Schlepper zum Einsatz. Nach Kriegsausbruch legte das Schiff, nun unter dem Kommando eines Marineoffiziers, im August 1914 mehrere Minensperren. Am 30. August geriet es selbst auf eine Mine. Eine Reparatur ließ sich nicht mehr durchführen. Am 29. September wurde die »Lauting« im Innenhafen von Tsingtau selbst versenkt.

Nach der japanischen Besetzung Tsingtaus wurde das Schiff wieder gehoben, repariert und von der Japanischen Marine unter dem Namen »Shirogame« als Bergungsschlepper in Dienst gestellt. Von 1931 bis 1938 war das Schiff in Privatbesitz. Danach übernahm die Japanische Marine erneut das Schiff, nannte es nun »Hakuun Maru« und setzte es als Transporter ein. Am 30. Mai 1945 lief es auf eine vom amerikanischen Gegner gelegte Mine und sank.

Kleiner Kreuzer »Leipzig«

Schiffstyp	Kleiner Kreuzer
Bauwerft	A.G. Weser, Bremen
Stapellauf	21. März 1905
Indienststellung	20. April 1906
Verdrängung	3816 t
Länge x Breite x Tiefgang	111,10 x 13,30 x 5,61 m
Besatzungsstärke	288 Mann
Antrieb	2 x Dampfmaschine
Antriebsleistung	11.116 PS
Wellen	2
Geschwindigkeit	22 kn
Fahrstrecke	4690 sm bei 12 kn
Bewaffnung	10 x 10,5-cm-Geschütz, 10 x 3,7-cm-Geschütz, 2 x 45-cm-Torpedorohr
Einsatz in Ostasien	Ostasiatisches Kreuzergeschwader: Januar 1907 bis Dezember 1914

Die sieben Kleinen Kreuzer der »Bremen«-Klasse (»Bremen«, »Hamburg«, »Berlin«, »Lübeck«, »München«, »Leipzig«, »Danzig«) wiesen gegenüber ihren Vorgängern, der »Gazelle«-Klasse (siehe Kapitel »Gazelle«), im Wesentlichen größere Abmessungen, höhere Maschinenleistungen und damit auch höhere Geschwindigkeiten auf. Die »Leipzig« war die vorletzte Einheit dieser Bauserie und entstand bei der A.G. Weser in Bremen. Dort lief sie am 21. März 1905 vom Stapel. Die Indienststellung fand am 20. April 1906 statt.

Der Quer- und Längsspanten-Stahlbau besaß zwölf wasserdichte Abteilungen. Das Panzerdeck schützte mit einer Stärke von 50 bis 80 Millimeter das rund 111 Meter lange und 3816 Tonnen verdrängende Schiff. Die »Leipzig« hatte noch einen Bug mit dem antiquierten Rammsteven.

Der Kleine Kreuzer »Leipzig« wie auch seine Schwesterschiffe waren gute Seeschiffe mit sehr guten Dreh- und Manövriereigenschaften. Sie schlingerten jedoch stark und waren bei hoher Fahrt sehr nass. Dadurch wurde die Bedienung der vorderen Geschütze bei Windstärken ab fünf Beaufort und bei mäßigem Seegang erschwert.

Zwei Dreizylinder-Dreifach-Expansionsdampfmaschinen bildeten die Antriebsanlage der »Leipzig«. Sie wirkten jeweils auf eine Welle und leisteten insgesamt 11.116 PS. Das ergab eine Geschwindigkeit von 22 Knoten. Drei Schornsteine sorgten für den Abzug von Rauch und Abgasen.

Die Bewaffnung des Kleinen Kreuzers bestand aus zehn 10,5-cm-Geschützen und zehn 3,7-cm-Maschinenenkanonen. Die Torpedowaffe war mit zwei 45-cm-Torpedorohren eingerüstet.

Nur wenige Monate nach der Indienststellung rüstete ab dem 19. August 1906 der Kleine Kreuzer »Leipzig« für eine Reise nach Fernost aus und verließ am 8. September Wilhelmshaven. Über Zwischenstationen erreichte er am 9. Januar 1907 Hongkong und wurde in das Ostasiatische Kreuzergeschwader integriert.

Das Jahr 1907 war geprägt von Patrouillenfahrten an der chinesischen Küste und im Jangtsekiang-Gebiet, als Wachtschiff in Tsingtau und durch Fahrten im Geschwaderverband sowie durch Besuche in den Häfen der Region. Auch das Folgejahr verlief in einem ähnlichen Rhythmus.

Im Januar 1909 ließ die »Leipzig« in Hongkong Reparaturarbeiten vornehmen und verlegte im Februar nach Samoa, wo ein Häuptling gegen die deutsche Verwaltung aufbegehrte. Anfang Mai 1909 verließ die »Leipzig« Samoa, kreuzte in der Inselwelt der Südsee und erreichte am 29. Juni wieder Tsingtau. Für den Rest des Jahres verblieb das Schiff im nördlichen Stationsgebiet.

Der Kleine Kreuzer »Leipzig« auf der Reede von Tsingtau. (Foto: Max Grill)

Der Kleine Kreuzer »Leipzig« läuft aus drei Schornsteinen schwarz qualmend eine hohe Fahrtstufe. (Foto: Archiv Autor)

Kleiner Kreuzer »Leipzig«. (Fotos: Deutscher Marinebund)

Im Jahre 1910 standen eine Rundreise durch den ostindischen Inselbereich, Patrouillenfahrten in chinesischen Gewässern sowie Hafenbesuche auf dem Fahrprogramm. Infolge der Unruhen in China in den Jahren 1911/1912 war der Kleine Kreuzer überwiegend in chinesischen Gewässern unterwegs. Hafenbesuche in Wladiwostok, Japan und China standen ebenfalls auf dem Programm. Auch im Jahr 1913 beeinflussten die Unruhen in China die Tätigkeit des Kleinen Kreuzers »Leipzig«.

Im Mai 1914 erhielt die »Leipzig« den Marschbefehl an die mittelamerikanische Westküste. Der Grund war die Revolution in Mexiko, wo gemeinsam mit anderen Seemächten die Angehörigen ihrer Nationen evakuiert wurden.

Am 31. Juli erfuhr die »Leipzig« von den politischen Spannungen in Europa. Mit Kriegsausbruch trat der Mobilmachungsplan in Kraft, der eine Vereinigung mit dem Ostasiatischen Kreuzergeschwader vorsah. Dies gelang, trotz der zwischenzeitlichen Schwierigkeiten bei der Kohleversorgung, am 14. Oktober in der Nähe der Osterinsel.

Im Geschwaderverband war der Kleine Kreuzer »Leipzig« am 1. November 1914 an der Seeschlacht bei Coronel beteiligt. Nach der Umrundung von Kap Hoorn geriet das Ostasiatische Kreuzergeschwader bei den Falkland-Inseln am 8. Dezember in ein erneutes Gefecht mit dem englischen Gegner. Angesichts der aussichtslosen Lage entließ der Geschwaderchef den Kleinen Kreuzer aus dem Verband. Der Versuch sich mit Kurs auf Feuerland in Sicherheit zu bringen misslang. Von den verfolgenden englischen Kreuzern durch Beschuss schwer beschädigt, sank die »Leipzig« auf Position 53° 55‘ 30“ S und 55° 55‘ 0“ W. Von der Besatzung konnten nur 18 Mann von den englischen Kriegsschiffen gerettet werden.

Kanonenboot »Luchs«

Das Kanonenboot »Luchs« gehörte zu der aus sechs Einheiten bestehenden »Iltis«-Klasse (siehe Kapitel »Iltis«). Es wurde auf der Kaiserlichen Werft in Danzig gebaut und war für den Auslandsdienst in Übersee vorgesehen. Es lief am 18. Oktober 1899 vom Stapel und stellte am 15. Mai 1900 in Dienst. Das Boot ist in seiner schiffbaulichen Auslegung, der Schiffstechnik und der Bewaffnung identisch mit seinem Schwesterschiff »Tiger«. Abweichungen sind in der nebenstehenden Tabelle aufgeführt.

Das Kanonenboot »Luchs« war eigentlich für die Ostamerikanische Station vorgesehen. Am 30. Juni 1900 erhielt es jedoch die Detachierung nach Ostasien. Der Boxeraufstand machte diese Umdisponierung erforderlich. Am 7. Juli 1900 trat die »Luchs« von Kiel aus die Fahrt nach Fernost an. Zeitweise fuhr sie im Verband der Linienschiffsdivision, musste aber wegen einer Maschinenhavarie Aden anlaufen. Am 28. August 1900 traf das Kanonenboot in Singapur ein und damit in den Bereich des Ostasiatischen Kreuzergeschwaders. Das Kanonenboot kam im Boxeraufstand zum Einsatz. Ein angekauftes Dampfboot wurde von der »Luchs« ausgerüstet und mit Teilen ihrer Besatzung als Flusskanonenboot »Scha-

Schiffstyp	Kanonenboot
Bauwerft	Kaiserliche Werft, Danzig
Stapellauf	18. Oktober 1899
Indienststellung	15. Mai 1900
Verdrängung	1108 t
Länge x Breite x Tiefgang	65,20 x 9,10 x 3,74 m
Besatzungsstärke	130 Mann
Antrieb	2 x Dampfmaschine
Antriebsleistung	1345 PS
Wellen	2
Geschwindigkeit	14 kn
Fahrstrecke	2580 sm bei 9 kn
Bewaffnung	2 x 10,5-cm-Geschütz, 6 x 3,7-cm-Geschütz
Einsatz in Ostasien	Ostasiatisches Kreuzergeschwader: August 1900 bis September 1914

Kanonenboot »Luchs«. (Foto: Arthur Renard)

Kanonenboot »Luchs«. (Foto: Gentian1990 / CC-BY-SA 3.0)

mien« in Dienst gestellt. Nach Beendigung der Unruhen verlegte das Kanonenboot »Luchs« nach Tsingtau.
Danach begann für die nächsten Jahre der Stationsdienst in den chinesischen Gewässern und Flüssen, der gelegentlich durch Werftaufenthalte in Schanghai oder Aufenthalte in Tsingtau unterbrochen war. Reisen nach Japan, Niederländisch-Indien und Bangkok standen ebenfalls auf dem Fahrprogramm des Schiffes.
Im Juli 1914 befand sich das Kanonenboot »Luchs« zu einem Dockaufenthalt in Schanghai. Mitte Juli wurde das Boot nach Tsingtau zurückgerufen und mit dem Torpedoboot »S 90« sowie dem Schwesterschiff »Jaguar« im Sicherungsdienst eingesetzt. Nach Kriegsausbruch rüstet die »Luchs« zusammen mit der »Tiger« den Hilfskreuzer »Prinz Eitel Friedrich« aus. »Luchs« selbst stellte am 5. August 1914 außer Dienst.
In der Nacht vom 28. auf 29. September wurde das Kanonenboot »Luchs« im Innenhafen von Tsingtau zusammen mit dem Schwesterschiff »Iltis« und dem Kanonenboot – ehemals Kleiner Kreuzer – »Cormoran« selbst versenkt.

Kleiner Kreuzer »Niobe«

Der Kleine Kreuzer »Niobe« lief am 18. Juli 1899 als zweites Schiff der »Gazelle«-Klasse (siehe Kapitel »Gazelle«) bei der A.G. Weser in Bremen vom Stapel. Knapp ein Jahr später stellte am 25. Juni 1900 das Schiff in Dienst.

Die schiffbauliche Auslegung, der Schiffsantrieb und die Bewaffnung der »Niobe« sind im Kapitel zur »Gazelle« beschrieben. Allerdings hatte der 105 Meter lange und 2963 Tonnen verdrängende Kleine Kreuzer mit 8113 PS eine stärkere Maschinenanlage und erreichte 22 Knoten an Geschwindigkeit. Ferner besaß die »Niobe« nur zwei 45-cm-Torpedorohre.

Nach der Indienststellung begannen die Probefahrten, die sich bis Ende August 1899 hinzogen. Danach ging das Schiff am 22. August außer Dienst und wurde der Reserve zugeteilt. Zum aktiven Einsatz im Flottendienst mit den üblichen Ausbildungs- und Auslandsfahrten sowie Manövereinsätzen kam es vom 11. April 1901 bis zum 28. September 1904. Danach war die »Niobe« wieder im Reservestatus und wurde in dieser Zeit einer Grundüberholung unterzogen.

Am 19. Juni 1906 setzte der Kleine Kreuzer erneut Flagge und Wimpel und verließ am 9. Juli Wilhelmshaven, um nach Ostasien zum Ostasiatischen Kreuzergeschwader zu verlegen. Dort traf sie am 8. September ein. Ohne besondere Ereignisse kreuzte das auf Tsingtau abgestützte Schiff in den folgenden Jahren in chinesischen und japanischen Gewässern. Nachdem sich Abnutzungserscheinungen an dem Schiff bemerkbar machten, wurde die Rückverlegung nach Deutschland verfügt. Am 31. Januar 1909 verließ die »Niobe« Tsingtau und traf am 21. März in Kiel ein. Zehn Tage später stellte das Schiff erneut außer Dienst und ging wieder in die Reserve.

Schiffstyp	Kleiner Kreuzer
Bauwerft	A.G. Weser, Bremen
Stapellauf	18. Juli 1899
Indienststellung	25. Juni 1900
Verdrängung	2963 t
Länge x Breite x Tiefgang	105,00 x 12,20 x 5,31 m
Besatzungsstärke	257 Mann
Antrieb	2 x Dampfmaschine
Antriebsleistung	8113 PS
Wellen	2
Geschwindigkeit	22 kn
Fahrstrecke	3570 sm bei 10 kn
Bewaffnung	10 x 10,5-cm-Geschütz, 10 x 3,7-cm-Geschütz, 2 x 45-cm-Torpedorohr
Einsatz in Ostasien	Ostasiatisches Kreuzergeschwader: September 1906 bis Januar 1909

Mit dem Kriegsausbruch begann nochmals eine aktive Zeit für den Kleinen Kreuzer. Er fand in der Deutschen Bucht bis Kriegsende im Küstenschutz Verwendung.

Von den Alliierten wurde das am 3. Februar 1919 wieder außer Dienst gestellte Schiff nicht als Reparationsleistung

Die historische Postkarte zeigt den Kleinen Kreuzer »Niobe« beim Passieren des Kaiser-Wilhelm-Kanals. Die Karte ist frankiert mit einer Briefmarke des Schutzgebietes Kiautschou. (Foto: Archiv Autor)

Der ehemalige Kleine Kreuzer »Niobe« mit neuer Bugform als jugoslawischer Schulkreuzer »Dalmacija«. (Foto: Bundesarchiv / Bild 101I-185-0116-27A / CC-BY-SA 3.0)

Kleiner Kreuzer »Niobe«. (Foto: Deutscher Marinebund)

beansprucht. In die Reichsmarine übernommen, blieb es bis zu seiner Streichung aus der Flottenliste, die am 24. Juni 1926 durchgeführt wurde, im Reservestatus. Nach Desarmierung wurde die »Niobe« nach Jugoslawien verkauft und dort als Schulkreuzer »Dalmacija« weiterverwendet. Am 17. April 1941 folgte die Übernahme durch die Italienische Marine und Umbenennung in »Cattaro«. Es folgte schon bald die Weitergabe an die Kroatische Marine und die Namensänderung in »Znaim«. Unter dem alten Namen »Niobe« setzte das Schiff am 11. September 1943 wieder die deutsche Flagge und fand Verwendung in der Geleitsicherung. Nach der Strandung vor der Insel Silba/Kroatien am 19. Dezember wurde die »Niobe« am 22. Dezember durch englische Motortorpedoboote torpediert und versenkt. Der Abbruch des Wracks erfolgte in den Jahren 1947 bis 1949.

Kleiner Kreuzer »Nürnberg«

Nach den sieben Kleinen Kreuzern der »Bremen«-Klasse (siehe Kapitel »Leipzig«) wurde auf Grundlage des Flottengesetzes von 1900 der Kreuzerbau mit den vier Schiffen der »Königsberg«-Klasse (»Königsberg«, »Nürnberg«, »Stuttgart«, »Stettin«) weiter forciert fortgesetzt. Das zweite Schiff dieser Bauserie ist der Kleine Kreuzer »Nürnberg«. Sein Bau erfolgte bei der Kaiserlichen Werft in Kiel, wo er am 28. August 1906 vom Stapel lief. In Dienst gestellt wurde das Schiff am 10. April 1908.
Der Kleine Kreuzer »Nürnberg« war als Quer- und Längsspanten-Stahlbau ausgeführt und hatte bei rund 117 Meter Schifflänge 14 wasserdichte Abteilungen. Die Stärke des Panzerdecks betrug 45 bis 80 Millimeter. Die Verdrängung der »Nürnberg« wird mit 3902 Tonnen angegeben.
Die beiden Dreizylinder-Dreifach-Expansionsdampfmaschinen brachten insgesamt 13.154 PS auf die beiden Wellen und ermöglichten eine Geschwindigkeit von 23 Knoten. Drei Schornsteine sorgten für den Abzug von Rauch und Abgasen, wobei der dritte Schornstein etwas achterlicher stand und deshalb in der Flotte scherzhaft als »detachierter Schornstein« bezeichnet wurde.
Die Bewaffnung bestand aus zehn 10,5-cm- und acht 5,2-cm-Geschützen. Die Torpedobewaffnung war mit zwei 45-cm-Torpedorohren eingerüstet.

Schiffstyp	Kleiner Kreuzer
Bauwerft	Kaiserliche Werft, Kiel
Stapellauf	28. August 1906
Indienststellung	10. April 1908
Verdrängung	3902 t
Länge x Breite x Tiefgang	117,40 x 13,30 x 5,24 m
Besatzungsstärke	322 Mann
Antrieb	2 x Dampfmaschine
Antriebsleistung	13.154 PS
Wellen	2
Geschwindigkeit	23 kn
Fahrstrecke	4120 sm bei 12 kn
Bewaffnung	10 x 10,5-cm-Geschütz, 8 x 5,2-cm-Geschütz, 2 x 45-cm-Torpedorohr
Einsatz in Ostasien	Ostasiatisches Kreuzergeschwader: April 1910 bis Dezember 1914

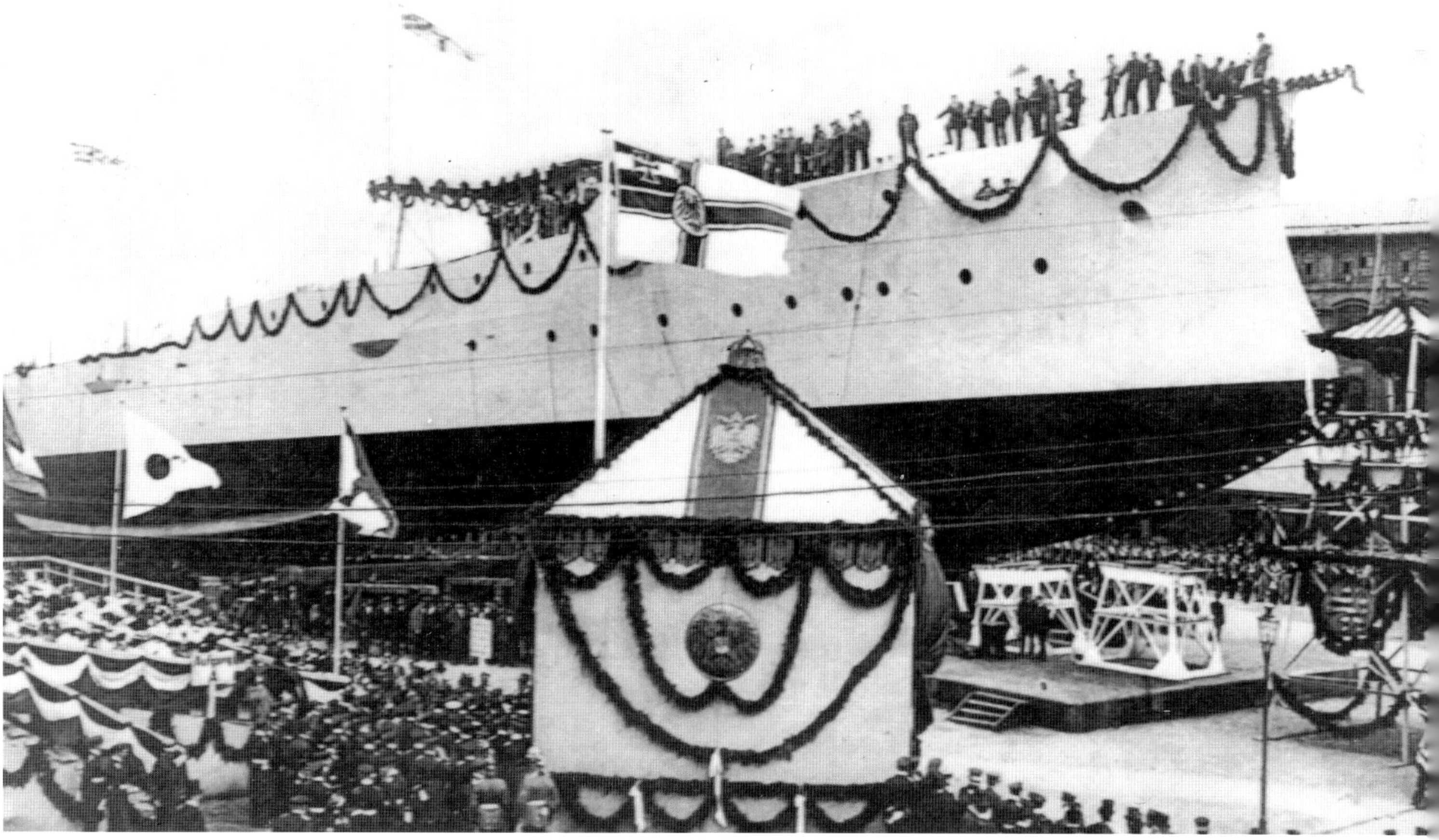

Der Kleine Kreuzer »Nürnberg« lief am 28. August 1906 auf der Kaiserlichen Werft in Kiel vom Stapel. (Foto: Deutscher Marinebund)

Kleiner Kreuzer »Nürnberg«. Man beachte den dritten »detachierten Schornstein«. (Foto: Archiv Autor)

Der Kleine Kreuzer »Nürnberg« als Pierlieger. (Foto: Archiv Autor)

Nach Beendigung der Erprobungen musste am 11. Juli 1908 wegen Personalmangels der Kleine Kreuzer »Nürnberg« wieder außer Dienst gehen. Erst am 1. Februar 1910 setzte das Schiff erneut Flagge und Wimpel. Es war für den Dienst in Ostasien vorgesehen und verließ am 14. Februar Wilhelmshaven. Mit Erreichen von Singapur wurde die »Nürnberg« am 5. April 1910 in das Ostasiatische Kreuzergeschwader eingegliedert.
Die »Nürnberg« kam zunächst in der Südsee zum Einsatz. Ende Februar 1912 verlegte das Schiff nach Norden in das Stationsgebiet und operierte anschließend vor der chinesischen Küste und im Jangtsekiang-Gebiet. Ab Oktober ging es zu einer großen Werftliegezeit nach Tsingtau.
Das Jahr 1913 war mit Fahrten im Stationsgebiet ausgefüllt. Außerdem standen Besuche in verschiedenen Häfen auf dem Programm. Mitte Oktober 1913 wurde der Kleine Kreuzer »Nürnberg« nach Mittelamerika in Marsch gesetzt. Unruhen in Mexiko machten diesen Einsatz notwendig, um dort deutsche Interessen sichern zu können. Diese Tätigkeit währte bis zum Juli 1914.
Die Krisenlage in Europa führte zunächst zu einem Marschbefehl nach Tsingtau. Auf dem Weg dorthin traf sich die »Nürnberg« am 6. August in Ponape mit dem Ostasiatischen Kreuzergeschwader. Für Postangelegenheiten und zum Einholen von Nachrichten wurde sie nach Honolulu detachiert. Dabei hatte sie auch den Admiralstab über die Absichten des Geschwaderchefs zu unterrichten. Außerdem musste die Kohleversorgung an der Westküste von Südamerika, wohin der Verband verlegen wollte, organisiert werden.
Nach Erledigung der Aufträge kehrte der Kleine Kreuzer wieder zum Ostasiatischen Kreuzergeschwader zurück, das am 6. September erreicht wurde. Die »Nürnberg« operierte anschließend als Einzelschiff wie auch im Verband des Ostasiatischen Kreuzergeschwaders im südlichen Pazifik. Für das sofortige Eingreifen im Seegefecht vor Coronell kam sie jedoch am 1. November zu spät. Sie konnte aber den im Gefecht schwer beschädigten englischen Panzerkreuzer »Monmouth« verfolgen und versenken.
In dem Seegefecht bei den Falkland-Inseln wurde die »Nürnberg« am 8. Dezember 1914 angesichts der aussichtslosen Lage aus dem Verband entlassen. Sie versuchte sich mit südöstlichen Kursen dem überlegenen englischen Gegner zu entziehen, was aber fehlschlug.
Der englische Panzerkreuzer »Kent« nahm die Verfolgung der »Nürnberg« auf. Als sie nach schweren Treffern zu sinken begann, wurde das Schiff von der eigenen Besatzung gesprengt und versank auf Position 53° 28‘ 30“ S und 55° 4‘ 0“ W. Nur sieben Mann der Besatzung konnten von den Engländern gerettet werden.

Der Kleine Kreuzer »Nürnberg« bei einem Dockaufenthalt in Tsingtau. (Fotos: Archiv Autor)

Flusskanonenboot »Otter«

Schiffstyp	Flusskanonenboot
Bauwerft	Tecklenborg Werft, Geestemünde
Stapellauf	15. Juli 1909
Indienststellung	1. April 1910
Verdrängung	314 t
Länge x Breite x Tiefgang	54,10 x 8,65 x 0,85 m
Besatzungsstärke	47 + 5 Mann
Antrieb	2 x Dampfmaschine
Antriebsleistung	1728 PS
Wellen	2
Geschwindigkeit	15 kn
Fahrstrecke	4350 sm bei 5 kn
Bewaffnung	2 x 5,2-cm-Geschütz
Einsatz in Ostasien	Ostasiatisches Kreuzergeschwader: April 1910 bis August 1914

Das Flusskanonenboot »Otter« wurde im Jahre 1908 bei der Werft Tecklenborg in Geestemünde beauftragt. Am 15. Juli 1909 lief es dort vom Stapel. Nach den Erprobungen wurde das Schiff wieder zerlegt und mit einem Frachtschiff nach Schanghai verschifft. Dort erfolgte der Zusammenbau und mit der Besatzung des Flusskanonenbootes »Vorwärts« am 1. April 1910 die Indienststellung.

Der Schiffsentwurf des Flusskanonenbootes »Otter« war an die Flusskanonenboote »Tsingtau« und »Vaterland« angelehnt. Der Rumpf war als Querspanten-Stahlbau gefertigt und setzte sich aus neun Pontons zusammen, die durch Schraubbolzen miteinander verbunden waren. Das Boot verdrängte 314 Tonnen und hatte eine Länge von 54,10 Meter. Besonderes Merkmal der »Otter« und einmalig in der Kaiserlichen Marine war der vorhandene Gittermast. Neben der 47-köpfigen Besatzung waren noch fünf chinesische Hilfskräfte an Bord.

Der Antrieb der »Otter« bestand aus zwei Dreizylinder-Dreifach-Expansionsdampfmaschinen. Über zwei Wellen erreichte das Boot mit der 1728 PS starken Maschinenanlage eine Geschwindigkeit von 15 Knoten. Bewaffnet war das

Das Flusskanonenboot »Otter« im Jahre 1909 bei einer Probefahrt auf der Weser. Das Boot führt noch die National- und nicht die Reichskriegsflagge. (Foto: Archiv Autor)

Das Flusskanonenboot »Otter« auf dem Jangtsekiang. (Foto: Archiv Autor)

Flusskanonenboot mit zwei 5,2-cm-Geschützen.
Nach seiner Indienststellung kam die »Otter« bis Ende des Jahres als Stationär auf dem Jangtsekiang-Fluss zum Einsatz. Nach der Überwinterung in Chungking folgte ab Mai 1911 ein Werftaufenthalt in Schanghai. Danach war das Flusskanonenboot wieder auf dem Jangtsekiang in Fahrt. In den nächsten Jahren wiederholten sich die Abläufe: Überwinterung in Chungking, Werftüberholung in Schanghai und danach wieder Patrouillendienst auf dem Jangtsekiang.
In der Spannungszeit im Sommer 1914 wurde das Flusskanonenboot »Otter« in Nanking aufgelegt. Mit Ausnahme eines kleinen Wachkommandos reiste die übrige Besatzung auf dem Landweg nach Tsingtau. Um einen fremden Zugriff auf das Boot zu verhindern, erfolgte der Scheinverkauf an eine ortsansässige deutsche Firma.
Mit dem Kriegseintritt Chinas wurde die mittlerweile in »München« umbenannte »Otter« am 20. März 1917 beschlagnahmt und als Kanonenboot »Li-Tsieh« in die chinesische Flotte eingegliedert. Das Boot sank am 16. Oktober 1929 – nach einer anderen Quelle am 19. Oktober – bei einem sowjetischen Luftangriff auf dem Sungari. Das Wrack wurde 1932 verschrottet.

Vermessungsschiff »Planet«

Schiffstyp	Vermessungsschiff
Bauwerft	A.G. Weser, Bremen
Stapellauf	2. August 1905
Indienststellung	16. November 1905
Verdrängung	826 t
Länge x Breite x Tiefgang	59,20 x 9,80 x 3,44 m
Besatzungsstärke	104 Mann
Antrieb	2 x Dampfmaschine
Antriebsleistung	360 PS
Wellen	2
Geschwindigkeit	10 kn
Fahrstrecke	3820 sm bei 7 kn
Bewaffnung	3 x 3,7-cm-Geschütz
Einsatz in Ostasien	Australische Station: Oktober 1906 bis August 1914

Die zunehmende Erschließung der deutschen Schutzgebiete und Kolonien erforderte an den entsprechenden Küsten eine Verstärkung bei der Vermessung und bei der meereskundlichen Forschung. Zu diesem Zweck ließ die Kaiserliche Marine das Vermessungsschiff »Planet« bauen. Auf der A.G. Weser in Bremen lief das Schiff am 2. August 1905 vom Stapel und stellte am 16. November 1905 in Dienst.
Die »Planet« war das erste speziell für Forschungs- und Vermessungsaufgaben gebaute Schiff der Kaiserlichen Marine. Sie war für den Einsatz in den Seegebieten der Südsee vorgesehen. Das im Bau nachfolgende Schwesterschiff »Möwe« fand dann in den afrikanischen Gewässern eine entsprechende Verwendung.
Das 826 Tonnen verdrängende und 59,20 Meter lange Vermessungsschiff »Planet hatte ein yachtähnliches Aussehen. Als Antrieb dienten zwei Dreizylinder-Dreifach-Expansionsdampfmaschinen mit einer Leistung von insgesamt 360 PS. Sie verliehen dem Schiff eine Geschwindigkeit von zehn Knoten. An Bewaffnung waren drei 3,7-cm-Maschinenkanonen an Bord. Schon Ende Januar 1906 lief die »Planet« in Richtung Südsee aus. Der Auftrag bestand in der Erfor-

Das Vermessungsschiff »Planet« glich in seinem Aussehen mehr einer Hochseeyacht als einem Kriegsschiff. (Foto: Bibliothek für Zeitgeschichte)

Vermessungsschiff »Planet«. (Foto: Archiv Autor)

schung der Morphologie des Meeresbodens, der physikalisch-chemischen Beschaffenheit und der biologischen Gegebenheiten der vorgesehenen Meeresgebiete.

Bereits auf der Ausreise wurden umfangreiche Forschungs- und Vermessungsarbeiten erledigt. Im Oktober 1906 erreichte das Schiff den Bismarck-Archipel und hatte bis dahin entlang der afrikanischen Westküste, der ostafrikanischen Küste, den Malediven und im Indischen Ozean 211 Tiefseelotungen, mehr als 20 Ballon- und 40 Drachenaufstiege, Messungen des Salz- und Gasgehalts der Tiefsee und unzählige meteorologische Beobachtungen durchgeführt. Die »Planet« entdeckte auch bisher unbekannte Meerestiefen im Sunda-Graben (7455 m) und im Philippinen-Graben (9788 m).

Bemerkenswert ist die Tatsache, dass fast sämtliche Facharbeiten von den Offizieren der »Planet« selbst durchgeführt wurden. Sie hatten vor der Abreise in Deutschland eine besondere Ausbildung an wissenschaftlichen Fachinstituten erhalten.

Die »Planet« blieb in der gesamten Folgezeit in den westpazifischen deutschen Kolonialgebieten im Einsatz. Sie führte zahlreiche Forschungs- und Vermessungsfahrten durch und unterstützte zeitweise auch anderweitig die deutsche Kolonialverwaltung in dieser Region. Zwischendurch lief die »Planet« zu notwendigen Instandsetzungsarbeiten Sydney, Singapur, Brisbane, Manila und Tsingtau an.

Nach Deutschland sollte das Vermessungsschiff allerdings nicht wieder zurückkehren. Von allen Verbindungen getrennt und ohne die Möglichkeit der Nachversorgung auf sich alleine gestellt, lag das Schiff im September 1914 vor der Karolinen-Insel Yap. Ende des Monats übernahm der Hilfskreuzer »Cormoran« den Großteil der Besatzung.

Am 7. Oktober 1914 besetzten japanische Truppen die Insel. Vorher gelang es jedoch der zurückgebliebenen Restbesatzung die »Planet« zu versenken. Im Oktober 1916 hoben die Japaner das Schiff und schleppten es zum Abwracken nach Osaka.

Das Vermessungsschiff »Planet« auf einer zeitgenössischen Postkarte mit einer Briefmarke aus dem Kolonialgebiet Deutsch-Neu-Guinea. (Foto: Archiv Autor)

Hilfskreuzer »Prinz Eitel Friedrich«

Schiffstyp	Hilfskreuzer
Bauwerft	A.G. Vulcan, Stettin
Stapellauf	18. Juni 1904
Indienststellungen	13. Oktober 1904 (Handelsschiff),
Indienststellungen	13. Oktober 1904 (Handelsschiff) 5. August 1914 (Hilfskreuzer)
Vermessung	8797 BRT
Länge x Breite x Tiefgang	154,60 x 16,96 x 8,50 m
Besatzungsstärke	402 Mann
Antrieb	2 x Dampfmaschine
Antriebsleistung	7000 PS
Wellen	2
Geschwindigkeit	15 kn
Fahrstrecke	10.000 sm bei 14 kn
Bewaffnung	4 x 10,5-cm-Geschütz, 6 x 8,8-cm-Geschütz, 12 x 3,7-cm-Geschütz
Einsatz in Ostasien	Ostasiatisches Kreuzergeschwader: August 1914 bis Dezember 1914

Die »Prinz Eitel Friedrich« war ein Dampfer des Norddeutschen Lloyd, der im Reichspostdampferdienst nach Ostasien eingesetzt war. Gebaut wurde das Schiff bei der A.G. Vulcan in Stettin. Es lief am 18. Juni 1904 vom Stapel. Am 13. Oktober 1904 trat es seine Jungfernreise nach Ostasien an und wurde anschließend nur auf dieser Linie eingesetzt. Namensgeber war Prinz Eitel Friedrich von Preußen, der zweite Sohn von Kaiser Wilhelm II.

Ende Juli 1914 lag die »Prinz Eitel Friedrich« in Schanghai. Angesichts der damaligen politischen Spannungen wurde das Schiff nach Tsingtau beordert, wo es am 2. August eintraf. Es folgte die Herrichtung zum Hilfskreuzer. Als solcher stellte das Schiff unter Beibehaltung des Namens mit den Besatzungen der Kanonenboote »Luchs« und »Tiger« in Dienst. Die Kanonenboote selbst gingen außer Dienst.

Der Hilfskreuzer »Prinz Eitel Friedrich« hatte eine Schiffslänge von 154,60 Meter und war mit 8797 BRT vermessen. Sein Antrieb erfolgte durch zwei Vierzylinder-Dreifach-Expansionsdampfmaschinen, die jeweils auf eine Welle geschaltet waren und zusammen eine Leistung von 7000 PS aufwiesen. Damit erreichte das Schiff eine Geschwindigkeit von 15 Knoten.

Die Bewaffnung stammte von den Kanonenbooten »Luchs« und »Tiger« und bestand aus vier 10,5-cm- und sechs 8,8-cm-Geschützen. Weiterhin waren zwölf 3,7-cm-Maschinenkanonen an Bord.

In Begleitung des Kleinen Kreuzers »Emden« verließ der Hilfskreuzer »Prinz Eitel Friedrich« am 6. August 1914 Tsing-

Hilfskreuzer »Prinz Eitel Friedrich«.
(Foto: Bibliothek für Zeitgeschichte)

Der Hilfskreuzer »Prinz Eitel Friedrich« während der Zeit seiner Internierung in den USA. Im Hintergrund sind die vier Schornsteine und die beiden Masten des ebenfalls in den USA internierten Hilfskreuzers und ehemaligen Schnelldampfers »Kronprinz Wilhelm« zu erkennen. (Foto: US Navy)

tau und traf am 12. August bei den Marianen-Inseln mit dem Ostasiatischen Kreuzergeschwader zusammen. Am 30. August wurden beide Schiffe zum Handelskrieg entlassen.

Die »Prinz Eitel Friedrich« operierte zunächst im Seegebiet des Bismarck-Archipels und von Neu-Guinea und verlegte dann an die chilenische Küste. Am 27. Oktober kam vor der Küste Chiles ein erneutes Zusammentreffen mit dem Kreuzergeschwader zustande. Danach folgte die Fortsetzung der Kreuzerkriegführung im südlichen Pazifischen Ozean.

Anfang Januar stand das Schiff bei den Osterinseln. Der Kommandant entschloss sich Kap Hoorn zu umrunden und den Durchbruch in die Heimat zu wagen. Ende Februar, die »Prinz Eitel Friedrich« befand sich mittlerweile im Südatlantik nordöstlich von Recife, musste jedoch der Versuch wegen dringend notwendiger Maschinenüberholung, Wasser-, Proviant- und Kohlemangels aufgegeben werden.

Der Hilfskreuzer nahm deshalb Kurs auf Newport News in den USA, das am 10. März erreicht und wo das Schiff am 9. April 1915 interniert wurde. Insgesamt elf gegnerische Handelsschiffe mit zusammen 33.423 BRT konnte die »Prinz Eitel Friedrich« aufbringen und versenken.

Nach dem Kriegseintritt beschlagnahmten die USA am 7. April 1917 den Hilfskreuzer. Als Truppentransporter »De Kalb« kam er erneut in Fahrt. Nach dem Krieg fuhr er als ziviles Schiff »Mount Clay« und wurde 1927 abgebrochen.

Der Hilfskreuzer »Prinz Eitel Friedrich« als Truppentransporter »De Kalb«. (Foto: US Navy)

Kleiner Kreuzer »Prinzess Wilhelm«

Schiffstyp	Kleiner Kreuzer
Bauwerft	Germaniawerft, Kiel
Stapellauf	22. September 1887
Indienststellung	19. November 1889
Verdrängung	5027 t
Länge x Breite x Tiefgang	103,70 x 14,20 x 7,63 m
Besatzungsstärke	365 Mann
Antrieb	2 x Dampfmaschine
Antriebsleistung	9732 PS
Wellen	2
Geschwindigkeit	18,5 kn
Fahrstrecke	2490 sm bei 9 kn
Bewaffnung	siehe Text Kleiner Kreuzer »Irene«
Einsatz in Ostasien	Ostasiatische Kreuzerdivision: Juli 1895 bis November 1897 Ostasiatisches Kreuzergeschwader: November 1897 bis April 1899

Der Kleine Kreuzer »Prinzess Wilhelm« war ein Schwesterschiff zur »Irene«. Die dort gemachten Aussagen hinsichtlich des Bauprogramms, der schiffbaulichen Auslegung, des Schiffsantriebs und der Bewaffnung sowie der Klassifizierung sind ebenfalls zutreffend. Abweichungen sind oben in der Tabelle aufgeführt, wobei auf die höhere Maschinenleistung und die höhere Fahrtstufe hingewiesen werden soll.
Der Bau des Kleinen Kreuzers fand auf der Germaniawerft in Kiel statt. Hier lief das Schiff am 22. September 1887 vom Stapel. Es stellte am 19. November 1889 in Dienst. Die Namensgebung geht zurück auf Auguste Victoria, Prinzessin von Schleswig-Holstein-Sonderburg-Augustenburg, die Ehefrau von Kaiser Wilhelm II.
Nach der Beendigung der Erprobungen stellte der Kleine Kreuzer »Prinzess Wilhelm« am 25. März 1890 schon wieder außer Dienst. Erst ein Jahr später, am 16. April 1890, setzte das Schiff erneut Flagge und Wimpel, erledigte noch die restlichen Erprobungen und kam dann in den normalen Flottendienst mit Manöverteilnahmen und Auslandsreisen. Dieser Abschnitt währte bis zum 14. November 1892.
Es folgte eine Modernisierung der Bewaffnung. Das Schiff kam am 10. Oktober 1893 wieder erneut in Fahrt und wurde bis zum April 1895 als Wachtschiff und Schulschiff sowie im normalen Flottendienst genutzt.
Am 27. April 1895 begann der Kleine Kreuzer »Prinzess Wilhelm« seine Ausreise nach Fernost. Diese war getrübt durch eine Reihe von Todesfällen in der Besatzung. Ursache waren Hitzeschläge während der Fahrt in den tropischen Gewässern, die durch die hohen Temperaturen und die schlechten Belüftungsverhältnisse an Bord ausgelöst wurden.
In Schanghai traf die »Prinzess Wilhelm« am 4. Juli ein und wurde in die ostasiatische Kreuzerdivision eingegliedert. Danach begannen die üblichen Tätigkeiten im Rahmen des Stationsdienstes in den chinesischen Gewässern, sowohl innerhalb des Verbandes wie auch in Einzelfahrten. Auch japanische Häfen wurden des Öfteren angelaufen, ebenso Schanghai.
Nach einer Werftüberholung in Nagasaki vom September bis Anfang November folgte Mitte November 1897 die Beteiligung an der Besetzung von Tsingtau. Danach war wieder Stationsdienst angesagt, bevor das Schiff bis Oktober 1898 in Manila zum Einsatz kam.
Nach dem Jahreswechsel ging die »Prinzess Wilhelm« zur Reparatur in ein Dock nach Hongkong und trat am 26. April 1899 von Tsingtau aus die Heimreise an. Am 22. Juli stellte der Kleine Kreuzer in Wilhelmshaven außer Dienst.
Bis 1902 wurde das Schiff umfangreich auf der Kaiserlichen Werft in Wilhelmshaven modernisiert, danach aber nicht mehr zum Dienst herangezogen. Im Oktober 1912 verlegte man den Kleinen Kreuzer nach Danzig und am 17. Februar 1914 erfolgte die Streichung aus der Liste der Kriegsschiffe. Den Ersten Weltkrieg erlebte das Schiff als Minenhulk, im November 1921 kam dann der Verkauf zum Abwracken.

Kleiner Kreuzer »Prinzess Wilhelm«. (Foto: Johann Georg Siehl-Freystett)

Torpedoboote »S 90«, »S 91« und »S 92«

Mit dem 1898 auf Kiel gelegten und am 26. Juli 1899 vom Stapel gelaufenen Torpedoboot »S 90« begann die erste Bauserie von Großen Torpedobooten der Kaiserlichen Marine. Gegenüber den bisher gebauten Torpedobooten hatten sie bessere Seeeigenschaften, größere Seeausdauer und eine stärkere Bewaffnung. Insgesamt 48 Einheiten entstanden in den nächsten Jahren auf der Schichau Werft in Elbing und der Germaniawerft in Kiel. Mit dem dort gebauten Boot »G 137« kam dieses Programm zum Abschluss.

Die Boote waren nicht von einer einheitlichen Konstruktion. Die Verdrängung der als gute Seeschiffe angesehenen Torpedoboote bewegte sich zwischen 396 und 693 Tonnen, entsprechend die Schiffslänge von 63 bis 72 Meter. Der bei den Torpedobooten übliche schwarze Anstrich gab ihnen den Spitznamen »Schwarze Gesellen«.

Zwei Dreizylinder-Dreifach-Expansionsdampfmaschinen, jeweils auf eine Welle geschaltet, verliehen ihnen mit ihrer Gesamtleistung von 5900 PS eine Geschwindigkeit von 27 Knoten. Im Laufe der Entwicklung erhöhte sich die Geschwindigkeit. Das zuletzt gebaute Torpedoboot dieser Bauserie »G 137« erreichte eine Geschwindigkeit von 32 kn und hatte eine Maschinenleistung von 10.800 PS.

Die Artillerie umfasste 5-cm-Geschütze in unterschiedlicher Anzahl. Einige Boote waren auch schon mit 8,8-cm-Geschützen ausgerüstet. Die Torpedobewaffnung bestand aus drei schwenkbaren 45-cm-Oberdeckstorpedorohren.

Mit den Torpedobooten »S 90«, »S 91« und »S 92« kamen ein einziges Mal in der Geschichte der deutschen Torpedo-

Schiffstyp	Großes Torpedobooot
Bauwerft	Schichau Werft, Elbing
Stapelläufe	»S 90« - 26. Juli 1899, »S 91« - 25. September 1899, »S 92« - 15. Mai 1900
Indienststellungen	»S 90« - 24. Oktober 1899, »S 91« - 24. April 1900, »S 92« - 27. Juni 1900
Verdrängung	396 t
Länge x Breite x Tiefgang	63,00 x 7,00 x 2,83 m
Besatzungsstärke	51 Mann
Antrieb	2 x Dampfmaschine
Antriebsleistung	5900 PS
Wellen	2
Geschwindigkeit	27 kn
Fahrstrecke	830 sm bei 17 kn
Bewaffnung	3 x 5-cm-Geschütz, 3 x 45-cm-Torpedorohr
Einsatz in Ostasien	Ostasiatisches Kreuzergeschwader: Oktober 1900 bis März 1902 (»S 91«, »S 92«) Oktober 1900 bis Oktober 1914 (»S 90«)

Torpedoboot »S 90«. (Foto: Arthur Renard)

Das Torpedoboot »S 90« trug während seines Einsatzes in Ostasien einen weißen Anstrich. (Foto: Archiv Autor)

Das Torpedoboot »S 90« auf Patrouillenfahrt in chinesischen Gewässern.

Torpedoboot »S 92«. (Foto: Bibliothek für Zeitgeschichte)

Das Torpedoboot »S 91« bei einem Aufenthalt in Schanghai. (Foto: Bibliothek für Zeitgeschichte)

Die Torpedoboote »S 91« und »S 92« bei einem Schleusengang; möglicherweise im Kaiser-Wilhelm-Kanal bei der Ausreise oder der Ankunft bei der Rückreise. Beide Boote sind mit dem weißen Tropenanstrich versehen, der typisch für die Auslandsverwendung war. (Foto: Bibliothek für Zeitgeschichte)

boote drei Einheiten im Auslandsdienst in Verwendung. Sie verlegten anlässlich des Boxeraufstandes im Sommer 1900 mit dem Lazarettschiff »Gera« nach Ostasien. Am 26. Juli 1900 verließ der Verband Wilhelmshaven und erreichte am 6. Oktober Schanghai, um anschließend nach Tsingtau zu verlegen.

Die drei Torpedoboote wurden in der Folgezeit zur Überwachung der chinesischen Gewässer und Flussmündungen eingesetzt. In Begleitung des Großen Kreuzers »Kaiserin Augusta« kehrten »S 91« und »S 92« am 6. März 1902 wieder nach Deutschland zurück, wo sie Anfang Juni eintrafen.

Das Schwesterboot »S 90« blieb in Tsingtau stationiert. Nach Kriegsausbruch versah das Boot Sicherungsdienst für den Stützpunkt Tsingtau. Am 17. Oktober gelang es »S 90«, den japanischen Kreuzer »Takachiho« mit einem Torpedo zu versenken. In der aussichtslosen Lage des Pachtgebietes Kiautschou als Folge des Vorrückens der japanischen Streitkräfte musste sich »S 90« am 17. Oktober 1914 dem Zugriff der Japaner durch Selbstversenkung entziehen.

Die Torpedoboote »S 91« und »S 92« überstanden den Ersten Weltkrieg und wurden im Mai 1921 zum Abwracken verkauft.

Flusskanonenboot »Schamien«

Die Unruhen in China um die Jahrhundertwende erforderten auf den chinesischen Flüssen die Stationierung von kleineren Kriegsschiffen. Sie sollten im Bedarfsfall den Schutz und den Abtransport deutscher Staatsbürger gewährleisten. Da ein Neubau nicht schnell genug zu realisieren war, kaufte die Kaiserliche Marine von der Hongkonger Kowloondock Co. das im Juni 1899 vom Stapel gelaufene Dampfboot »Tong Cheong«. Nach militärischen Um- und Einbauten stellte es am 20. Oktober 1900 als Flusskanonenboot »Schamien« in Dienst. Der Namen bezieht sich auf eine Fremdenniederlassungsinsel im Sikiang, dem Hauptstrom des Perlflusses.

Die Besatzung der »Schamien« wurde aus abkommandierten Soldaten des Kanonenbootes »Luchs« gebildet. Außerdem waren sechs chinesische Hilfskräfte an Bord. Erst im Januar 1901 traf eine eigene Besatzung aus Deutschland ein.

Die »Schamien« verdrängte nur knapp 37 Tonnen und hatte lediglich eine Länge von 24,00 Meter. Der Antrieb erfolgte durch zwei Zweizylinder-Zweifach-Expansionsdampfmaschinen, die auf je eine Welle wirkten und mit ihren insgesamt 100 PS eine Geschwindigkeit von 15 Knoten ermöglichten. Die Bewaffnung bestand aus einer 3,7-cm-Maschinenkanone.

Ohne besondere Ereignisse kam die »Schamien« auf dem Perlfluss/Kanton-Fluss in den kommenden Jahren zum Einsatz. Während dieser Zeit war sie nicht in Kampfhandlungen verwickelt.

Schiffstyp	Flusskanonenboot
Bauwerft	unbekannt, Hongkong, China
Stapellauf	Juni 1899
Indienststellung	20. Oktober 1900
Verdrängung	36,8 t
Länge x Breite x Tiefgang	24,00 x 3,60 x 1,40 m
Besatzungsstärke	11 + 6 Mann
Antrieb	2 x Dampfmaschine
Antriebsleistung	100 PS
Wellen	2
Geschwindigkeit	10 kn
Fahrstrecke	450 sm bei 10 kn
Bewaffnung	1 x 3,7-cm-Geschütz
Einsatz in Ostasien	Ostasiatisches Kreuzergeschwader: Oktober 1900 bis Februar 1904

Als das in Deutschland gebaute Flusskanonenboot »Tsingtau« in China zur Verwendung bereitstand, stellte die »Schamien« am 2. Februar 1904 außer Dienst und wurde nach Hongkong verkauft.

Flusskanonenboot »Schamien«. (Foto: Bibliothek für Zeitgeschichte)

Großer Kreuzer »Scharnhorst«

Schiffstyp	Großer Kreuzer
Bauwerft	Blohm+Voss, Hamburg
Stapellauf	22. März 1906
Indienststellung	24. Oktober 1907
Verdrängung	12.985 t
Länge x Breite x Tiefgang	144,60 x 21,60 x 8,37 m
Besatzungsstärke	764 Mann
Antrieb	3 x Dampfmaschine
Antriebsleistung	28.783 PS
Wellen	3
Geschwindigkeit	23,5 kn
Fahrstrecke	5120 sm bei 12 kn
Bewaffnung	8 x 21-cm-Geschütz, 6 x 15-cm-Geschütz, 18 x 8,8-cm-Geschütz, 4 x 3,7-cm-Geschütz, 4 x 45-cm-Torpedorohr
Einsatz in Ostasien	Ostasiatisches Kreuzergeschwader: April 1909 bis Dezember 1914

Der Große Kreuzer »Scharnhorst« ist vor einer Südseeinsel vor Anker gegangen. (Foto: Deutscher Marinebund)

Die beiden Großen Kreuzer »Scharnhorst« und »Gneisenau« waren der Schluss- und der Höhepunkt in der Entwicklung der deutschen Großen Kreuzer, die mit dem Großen Kreuzer »Fürst Bismarck« begonnen hatte. Als Erstes der beiden Schwesterschiffe wurde die »Gneisenau« am 28. Dezember 1904 auf Kiel gelegt. Durch einen längeren Streik der Werftarbeiter verzögerte sich jedoch der Bau. Bei der zweiten am 3. Januar 1905 in Hamburg bei Blohm+Voss begonnenen Einheit »Scharnhorst« ging es wiederum zügig voran. Der Große Kreuzer »Scharnhorst lief so auch als Erster am 22. März 1906 vom Stapel und wurde damit, entgegen der ursprünglichen Planung, zum Typschiff. Die Indienststellung erfolgte am 24. Oktober 1907. Die Namensgebung geht zurück auf den preußischen Generalleutnant Gerhard von Scharnhorst.
Doch die Zeit dieses Typs von Großen Kreuzern war mittlerweile vorbei. Als die beiden Schiffe in Dienst stellten, waren sie schiffbaulich und waffentechnisch bereits überholt, denn mittlerweile lief die internationale Entwicklung vom Aufklärungskreuzer in Richtung Schlachtkreuzer.

Der Stapellauf des Großen Kreuzers »Scharnhorst« fand am 22. März 1906 auf der Werft Blohm+Voss in Hamburg statt. (Foto: Deutscher Marinebund)

Mit der »Dreadnought« hatte von England ausgehend der Umbruch vom Linienschiff zum Schlachtschiff eingesetzt. Ebenfalls von England angestoßen, nahm in Analogie mit dem Bau des Schlachtkreuzers »Invincible« eine parallele Entwicklung bei den Großen Kreuzern ihren Anfang und machte auch bei diesem Schiffstyp die bisher gebauten Einheiten für eine Seeschlacht nahezu bedeutungslos.
Der Große Kreuzer »Scharnhorst« war ein Stahlbau in Quer- und Längsspanten-Bauweise. Der Schiffsrumpf wies 15 wasserdichte Abteilungen auf. Auch die Walrückenback der

Der Große Kreuzer »Scharnhorst« mit hoher Fahrtstufe und schwarz qualmend unterwegs. (Foto: Arthur Renard)

vorangegangenen Großen Kreuzer war wieder vorhanden. Der seitliche Gürtelpanzer hatte eine Stärke von 80 bis 150 Millimeter. Das Panzerdeck wies eine Panzerung von 35 bis 60 Millimeter auf. Der Große Kreuzer war ein gutes Seeschiff mit guten Manövriereigenschaften. Er verdrängte 12.985 Tonnen und hatte eine Länge von 144,60 Meter. Das Schiff war mit vier Schornsteinen ausgestattet.

Die Antriebsanlage bestand aus drei Dreizylinder-Dreifach-Expansionsdampfmaschinen, die jeweils auf eine Welle wirkten. Mit ihrer Gesamtleistung von 28.783 PS gaben sie dem Schiff eine Geschwindigkeit von 23,5 Knoten.

Die Schwere Artillerie war auf der »Scharnhorst« auf insgesamt acht 21-cm-Geschütze angewachsen. Die Mittlere Artillerie beschränkte sich auf sechs 15-cm-Geschütze. Die Leichte Artillerie umfasste 18 Geschütze im Kaliber von 8,8 Zentimeter. Zeitweise war die Leichte Artillerie noch mit vier 3,7-cm-Maschinenkanonen ausgestattet. Vier 45-cm-Torpedorohre ergänzten die Bewaffnung.

Nach seiner Indienststellung wurde der Große Kreuzer »Scharnhorst« als Aufklärungsschiff in die Hochseeflotte eingereiht und war bis zum März 1909 Flaggschiff des Befehlshabers der Aufklärungsschiffe.

Am 1. April 1909 verließ der Große Kreuzer Kiel in Richtung Ostasien. Wie oben schon erwähnt, war die Zeit der als Panzerkreuzer gebauten Großen Kreuzer vorbei. Für den Dienst im Kreuzergeschwader in Fernost waren sie aber immer noch sehr gut geeignet.

Auf der »Scharnhorst« hatte sich Konteradmiral Friedrich von Ingenohl, der das Ostasiatische Kreuzergeschwader als neuer Befehlshaber übernehmen sollte, eingeschifft. In Colombo fand am 29. April ein Zusammentreffen mit dem auf der Heimreise befindlichen Großen Kreuzer »Fürst Bismarck« statt. Die Dienstgeschäfte des Geschwaderflaggschiffs wurden dabei übergeben.

Damit begann für die »Scharnhorst«, sowohl im Geschwaderverband des Ostasiatischen Kreuzergeschwaders wie auch als Einzelfahrer oder in Begleitung des Schwesterschiffes, der übliche Kolonial- und Stationsdienst in Fernost und in der Südsee.

Zum Zeitpunkt des Kriegsausbruches befand sich das Ostasiatische Kreuzergeschwader mit mehreren Schiffen in der Südsee. Der Rückweg nach Tsingtau war durch den Kriegseintritt Japans versperrt. Der auf dem Flaggschiff »Scharnhorst« eingeschiffte Geschwaderchef, Vizeadmiral Maximilian Graf von Spee, entschloss sich zum Kampf gegen die Kriegsgegner und operierte im Pazifischen Ozean.

In dem Seegefecht bei Coronel/Chile konnte das Geschwader am 1. November 1914 die beiden englischen Panzerkreuzer »Good Hope« und »Monmouth« versenken, aber vor den Falkland-Inseln ereilte am 8. Dezember 1914 das

Der Große Kreuzer »Scharnhorst« als Ankerlieger in der Südsee. (Foto: Deutscher Marinebund)

Schicksal den Verband, der nun den Versuch unternommen hatte und im Begriff war in die Heimat durchzubrechen.
Im Seegefecht bei den Falkland-Inseln ging »Scharnhorst« im Artilleriefeuer der englischen Schlachtkreuzer »Invincible« und »Inflexible« verloren. Ebenso das Schwesterschiff »Gneisenau«, das nach dem Verbrauch der Munition und dem Ausfall der Antriebsanlage durch Selbstversenkung gesunken war. Auch die dem Verband angehörenden Kleinen Kreuzer »Leipzig« und »Nürnberg« wurden vom englischen Gegner versenkt, ebenso die beiden das Geschwader begleitenden Versorgungsschiffe »Santa Isabel« und »Baden«. Lediglich der Kleine Kreuzer »Dresden« konnte dem Gegner zunächst noch entkommen.
Meeresarchäologen entdeckten im Jahre 2019 das Wrack des Großen Kreuzers »Scharnhorst« rund 180 Kilometer südöstlich der Falkland-Inseln in 1610 Meter Tiefe.

Kleiner Kreuzer »Seeadler«

Schiffstyp	Kleiner Kreuzer
Bauwerft	Kaiserliche Werft, Danzig
Stapellauf	2. Februar 1892
Indienststellung	17. August 1892
Verdrängung	1864 t
Länge x Breite x Tiefgang	82,60 x 12,70 x 5,35 m
Besatzungsstärke	161 Mann
Segelfläche	860 / 600 m²
Antrieb	2 x Dampfmaschine
Antriebsleistung	2888 PS
Wellen	2
Geschwindigkeit	17 kn
Fahrstrecke	3040 sm bei 9 kn
Bewaffnung	8 x 10,5-cm-Geschütz, 2 x 35-cm-Torpedorohr
Einsatz in Ostasien	Australische Station: November 1899 bis Juli 1900 Ostasiatisches Kreuzergeschwader: August 1900 bis Juni 1905

Der Kleine Kreuzer »Seeadler« war das dritte Schiff der Auslandskreuzer der »Bussard«-Klasse (siehe Kapitel »Bussard«). Wie das Typschiff der Klasse entstand er auf der Kaiserlichen Werft in Danzig. Dort lief der Kleine Kreuzer nach einer relativ langen Bauzeit am 2. Februar 1892 unter dem Namen »Kaiseradler« vom Stapel. Am 27. Juni 1892 kam es jedoch zur Umbenennung in »Seeadler«. Die Indienststellung erfolgte am 17. August 1892.

Die schiffbauliche und technische Auslegung sowie die Bewaffnung der »Seeadler« entsprachen dem Typschiff »Bussard«. Unterschiedliche Schiffsdaten sind in der nebenstehenden Tabelle vermerkt.

Nach Beendigung der Erprobungen stellte die »Seeadler« bis zum 15. März des Folgejahres wieder außer Dienst. Am 25. März 1893 verließ das Schiff Kiel in Richtung New York, wo es an der 400-Jahr-Feier der Entdeckung Amerikas teilnehmen sollte. Auf dem Atlantik stellte sich heraus, dass die »Seeadler« sowohl mangels Kohlevorrat wie auch unter Segeln das Ziel nicht termingerecht erreichen würde. Der sich ebenfalls auf dem Weg befindliche Große Kreuzer »Kaiserin Augusta« musste Schlepperhilfe leisten.

Nach den Feierlichkeiten verlegte der Kleine Kreuzer via Mittelmeer nach Sansibar und auf die Ostafrikanische Station, wo er im Kolonialdienst bis zum 6. Mai 1898 verblieb. Am 26. Juni war das Schiff wieder zurück in Kiel, stellte außer Dienst, wurde generalüberholt und erhielt die Takelage eines Toppsegelschoners. Die Wiederindienststellung erfolgte am 3. Oktober 1899 und am 19. Oktober begann die Ausreise in die Südsee.

Haupthafen wurde Matupi im Bismarck-Archipel, wo das Schiff am 15. November 1899 ankam. Es folgte der übliche Kolonialdienst in den zur damaligen Zeit ständig durch Unruhen und Aufständen heimgesuchten Kolonialgebieten der Südsee.

Wegen der in China ausgebrochenen Unruhen verlegte das Schiff im Juli 1900 nach Tsingtau, wo es am 8. August einlief und dem Ostasiatischen Kreuzergeschwader unterstellt wurde. Es folgte der Einsatz in chinesischen Gewässern sowie der Besuch von zahlreichen Häfen in der Region unter anderem auch in Japan. Am 28. Juni 1905 wurde die »Seeadler« aus dem Verband entlassen und verlegte nach Daressalam in Deutsch-Ostafrika.

Auf der Ostafrikanischen Station verblieb der Kleine Kreuzer »Seeadler« bis zum Januar 1914. Nach einer 13 1/2-jäh-

Der Kleine Kreuzer »Seeadler« (rechts) und der Große Kreuzer »Kaiserin Augusta« (links) im April 1893 in New York. (Foto: Archiv Autor)

Kleiner Kreuzer »Seeadler«. (Foto: Archiv Autor)

rigen ununterbrochenen Auslandstätigkeit erreichte das Schiff am 6. März wieder Kiel.

Im Mai 1914 erfolgte bei der Klassifizierung die Rückstufung des Schiffes in ein Kanonenboot. Im Ersten Weltkrieg kam nur noch eine Verwendung als Minenhulk in Frage. Am 19. April 1917 vernichtete eine Minenexplosion die »Seeadler«.

Der Kleine Kreuzer »Seeadler« im Hafen von Daressalam / Deutsch-Ostafrika. (Foto: Kurt von Schleinitz)

Kleiner Kreuzer »Sperber«

Der Kleine Kreuzer »Sperber« war ein Schwesterschiff zur »Schwalbe. Alle dort gemachten Angaben zum Bauprogramm, zur schiffbaulichen und technischen Auslegung, den technischen Daten sowie zur Bewaffnung treffen auch hier zu. Anzumerken ist jedoch, dass die »Sperber« mit 1595 PS eine größere Maschinenleistung hatte und damit um 0,3 Knoten schneller war als das Schwesterschiff »Schwalbe«.

Der Kleine Kreuzer »Sperber« lief am 23. August 1888 auf der Kaiserlichen Werft in Wilhelmshaven vom Stapel und stellte am 2. April 1889 in Dienst.

Nach Absolvierung der Probefahrten ging die »Sperber« am 7. Juni 1889 wieder außer Dienst. Jedoch für nur wenige Wochen. Am 4. September 1889 verließ sie Kiel, um zur Australischen Station zu verlegen. Nach der Ankunft in Aden erreichte am 13. Oktober der Umplanungsbefehl zur Ostafrikanischen Station das Schiff. Nach einem dortigen Zwischenaufenthalt setzte der Kleine Kreuzer »Sperber« am 22. April 1890 seine Reise über Melbourne und Sydney in die Südsee fort. Am 30. Juli kam er in Apia auf Samoa an.

Es folgte der übliche Stationsdienst mit zahlreichen Rundreisen in dem häufig von Unruhen gekennzeichneten Stationsgebiet in der Südsee. Überholungen und notwendige Reparaturen wurden in Sydney durchgeführt. Diese Tätigkeit währte bis zum November 1893.

Am 6. November verließ der Kleine Kreuzer »Sperber« die Australische Station in Richtung Westafrikanische Station. Die eigentlich vorgesehene Heimreise hatte sich damit erledigt. Nach einer gründlichen Überholung in Kapstadt war das Schiff ab Mai 1894 vor Kamerun und später auch vor Deutsch-Südwestafrika im Einsatz. Die Verwendung in diesen Einsatzgebieten zog sich hin bis zum 22. September 1896. An diesem Tag begann für die »Sperber« die Heimreise nach Deutschland. Am 18. November traf sie in Kiel ein und holte Flagge und Wimpel nieder. Im Jahre 1898 wurde eine Grundüberholung durchgeführt.

Am 16. Dezember 1902 erfolgte die Wiederindienststellung des Schiffes. Der Kleine Kreuzer verlegte zunächst auf die Ostamerikanische Station, von dort ab Februar 1903 über das Mittelmeer nach Ostafrika und ab 9. Oktober nach Singapur, wo die »Sperber« am 23. November 1903 in das Ostasiatische Kreuzergeschwader integriert wurde.

Zunächst operierte der Kleine Kreuzer »Sperber« im Jangtsekiang-Gebiet. Am 15. Mai 1904 übernahm er in Schanghai das aus Deutschland im zerlegten Zustand angelieferte Flusskanonenboot »Vaterland« und stellte es für die Kaiserliche Marine in Dienst. In den nächsten Monaten folgten Stationsdienst in den chinesischen Gewässern, Besuche chinesischer Häfen und Wartungsarbeiten in Tsingtau.

Am 24. April 1905 verließ der Kleine Kreuzer Tsingtau und machte sich auf den Weg nach Westafrika, um dort seinen

Der Kleine Kreuzer »Sperber« an einer Festmachertonne liegend. (Foto: Bibliothek für Zeitgeschichte)

Der Kleine Kreuzer »Sperber« ist von einer Auslandsverwendung zurückgekehrt und hat als Zeichen der langen Abwesenheit im Großtopp den Heimatwimpel gesetzt. (Foto: Bundesarchiv / Bild 134-B0212 / CC-BY-SA 3.0)

neu befohlenen Stationsdienst aufzunehmen. Dabei führte er auch vor der Küste von Kamerun und Deutsch-Südwestafrika Vermessungsarbeiten durch. Für notwendige Reparatur- und Wartungsarbeiten verlegte er zeitweise nach Kapstadt. In der Marine ist bekanntlich nichts so beständig wie der Wechsel. Am 6. März 1910 kam für das Schiff die Versetzung nach Ostafrika. Durch Erlass vom 6. März 1911 erfolgte exakt ein Jahr später für die »Sperber« in der Klassifizierung die Rückstufung in ein Kanonenboot. Einen Monat später begann die Heimreise. Nach 8 1/2-jähriger ununterbrochener Auslandsverwendung traf die »Sperber« am 29. Juni in Wilhelmshaven ein und stellte dort am 6. Juli 1911 außer Dienst. Am 16. März 1912 wurde der ehemalige Kleine Kreuzer »Sperber« aus der Liste der Kriegsschiffe gestrichen, bis 1918 als Scheibenhulk weiter verwendet und im August 1920 zum Abwracken verkauft.

Der Kleine Kreuzer »Sperber« bei einem Dockaufenthalt in Tsingtau. (Foto: Bibliothek für Zeitgeschichte)

Torpedoboot »Taku«

Schiffstyp	Torpedoboot
Bauwerft	Schichau Werft, Elbing
Stapellauf	März 1898
Indienststellungen	Juli 1898 (Chinesische Marine), 14. Juli 1902 (Kaiserliche Marine)
Verdrängung	284 t
Länge x Breite x Tiefgang	59,00 x 6,40 x 2,55 m
Besatzungsstärke	43 Mann
Antrieb	2 x Dampfmaschine
Antriebsleistung	6000 PS
Wellen	2
Geschwindigkeit	32 kn
Fahrstrecke	3000 sm bei 12 kn
Bewaffnung	6 x 4,7-cm-Geschütz, 2 x 45-cm-Torpedorohr
Einsatz in Ostasien	Ostasiatisches Kreuzergeschwader: Juli 1902 bis Juni 1914

Das Torpedoboot »Taku« entstand als Exportauftrag auf der Schichau Werft in Elbing. Im März 1898 lief es vom Stapel und stellte im Juli 1898 als Zerstörer »Hai-Lung« (»Seeadler«, nach anderer Quelle »Hai-Jing«) für die Chinesische Marine in Dienst. Der Zerstörer hatte noch drei ebenfalls bei Schichau gebaute Schwesterschiffe.

Der 59 Meter lange und 284 Tonnen verdrängende Zerstörer war ein Querspanten-Stahlbau und hatte neun wasserdichte Abteilungen. Zwei Dreizylinder-Dreifach-Expansionsdampfmaschinen wirkten jeweils auf eine Welle. Bei einer Maschinenleistung von insgesamt 6000 PS erreichte das Fahrzeug eine Geschwindigkeit von 32 Knoten. Bewaffnet war das Schiff mit sechs 4,7-cm-Geschützen und zwei 45-cm-Torpedorohren.

Im Boxeraufstand wurde der Zerstörer »Hai-Lung« bei den Kämpfen um die Taku-Forts am 17. Juni 1900 erobert. Er erhielt am 6. Dezember 1900 den Namen »Taku«. Nach Herrichtung und Werftüberholung stellte das Schiff am 14. Juli 1902 als Torpedoboot »Taku« für die Kaiserliche Marine in Dienst. Mit Heimathafen Tsingtau wurde es dem Ostasiatischen Kreuzergeschwader zugeteilt.

In den folgenden Jahren kam die »Taku« in chinesischen Gewässern und Flüssen für das Ostasiatische Kreuzergeschwader zum Einsatz. Nach einer Grundberührung am 22. Oktober 1913, bei der das Torpedoboot schwer beschädigt wurde, stellte es am 30. Dezember 1913 außer Dienst. Am 13. Juni 1914 wurde die »Taku« aus der Liste der Kriegsschiffe gestrichen. Vor der Kapitulation des Kolonialgebietes Kiautschou erfolgte im Hafen von Tsingtau am 28. September 1914 die Selbstversenkung.

Torpedoboot »Taku«. (Foto: Bibliothek für Zeitgeschichte)

Das Torpedoboot »Taku« in schwerer See. (Foto: Bibliothek für Zeitgeschichte)

Das am 22. Oktober 1913 auf Grund geratene Torpedoboot »Taku«. (Foto: Archiv Autor)

Kleiner Kreuzer »Thetis«

Der Kleine Kreuzer »Thetis« entstand als viertes Schiff der »Gazelle«-Klasse (siehe Kapitel »Gazelle«) auf der Kaiserlichen Werft in Danzig. Am 3. Juli 1900 lief das Schiff dort vom Stapel und stellte am 14. September 1901 in Dienst.

Die schiffbauliche Auslegung, der Schiffsantrieb und die Bewaffnung der »Thetis« sind im Kapitel zur »Gazelle« beschrieben. Allerdings hatte der 105 Meter lange und 3005 Tonnen verdrängende Kleine Kreuzer »Thetis« mit 8888 PS eine stärkere Maschinenanlage und erreichte 21,5 Knoten an Geschwindigkeit. Ferner besaß die »Thetis« nur zwei 45-cm-Torpedorohre.

Nach der Indienststellung folgten die Probefahrten und daran anschließend die Ausrüstung für den Einsatz in Übersee. Am 1. Dezember 1901 verließ das Schiff Kiel, passierte das Mittelmeer und den Suezkanal und dampfte via Aden, Colombo, Madras und Kalkutta nach Singapur in den Bereich der Asiatischen Station. Von dort ging es weiter nach Tsingtau.

Es folgte der übliche Stationsdienst in chinesischen und japanischen Gewässern. Außerdem bereiste das Schiff 1902 und 1904 den Jangtsekiang. Während des japanisch-russischen Krieges wurde die »Thetis« im Februar 1904 zu Beobachtungsaufgaben vor Korea eingesetzt und brachte deut-

Schiffstyp	Kleiner Kreuzer
Bauwerft	Kaiserliche Werft, Danzig
Stapellauf	3. Juli 1900
Indienststellung	14. September 1901
Verdrängung	3005 t
Länge x Breite x Tiefgang	105,10 x 12,20 x 5,39 m
Besatzungsstärke	257 Mann
Antrieb	2 x Dampfmaschine
Antriebsleistung	8888 PS
Wellen	2
Geschwindigkeit	21,5 kn
Fahrstrecke	3560 sm bei 12 kn
Bewaffnung	10 x 10,5-cm-Geschütz, 10 x 3,7-cm-Geschütz, 2 x 45-cm-Torpedorohr
Einsatz in Ostasien	Ostasiatisches Kreuzergeschwader: Februar 1902 bis März 1906

Der Kleine Kreuzer »Thetis« im Hafen von Daressalam / Deutsch-Ostafrika. (Foto: Kurt von Schleinitz)

Kleiner Kreuzer »Thetis«. (Foto: Deutscher Marinebund)

Der Kleine Kreuzer »Thetis« auf einer zeitgenössischen Postkartendarstellung. (Foto: Archiv Autor)

sche Staatsbürger aus dem gefährdeten Gebiet in Sicherheit. Im Sommer 1905 wurde der Kleine Kreuzer anlässlich des Maji-Maji-Aufstandes nach Deutsch-Ostafrika detachiert. Zu seinem Verband, dem Ostasiatischen Kreuzergeschwader, kehrte er nicht mehr zurück. Am 29. März 1906 verließ die »Thetis« Daressalam, wo sie die letzten Monate stationiert war, um nach Deutschland zu verlegen. Erst damit endete ihre offizielle Zugehörigkeit zum Verband des Ostasiatischen Kreuzergeschwaders.

In Danzig stellte das Schiff am 18. Juni 1906 zur Grundüberholung außer Dienst und ging anschließend in den Reservestatus über. Die »Thetis« war somit der einzige der zehn Kleinen Kreuzer der »Gazelle«-Klasse, der in Friedenszeiten keinen Dienst in der Heimatflotte gemacht hatte.

Bei Kriegsausbruch kam die »Thetis« zunächst im Küstenschutz und dann bei offensiven Einsätzen gegen die Russische Marine in der östlichen Ostsee zum Einsatz. Erst im August 1915 verlegte sie wieder nach Kiel und stellte dort am 3. September außer Dienst.

Zwei Jahre später folgte nach der Wiederindienststellung am 19. Oktober 1917 der Einsatz als Artillerieschulschiff. Nach Kriegsende musste die »Thetis« nicht an die Alliierten abgeliefert werden und konnte so von der Reichsmarine weiter genutzt werden. Am 30. November 1924 kam dann die endgültige Außerdienststellung Nach der anschließenden Verwendung als Wohnschiff wurde der Kleine Kreuzer »Thetis« am 27. März 1929 aus der Liste der Kriegsschiffe gestrichen und zum Abbruch verkauft.

Kanonenboot »Tiger«

Das Kanonenboot »Tiger« gehörte zu der aus sechs Einheiten bestehenden »Iltis«-Klasse (siehe Kapitel »Iltis«). Es wurde auf der Kaiserlichen Werft in Danzig gebaut und war für den Auslandsdienst in Übersee vorgesehen. Es lief am 15. August 1899 vom Stapel und stellte am 3. April 1900 in Dienst.

Das Boot ist in seiner schiffbaulichen Auslegung und der Schiffstechnik nahezu identisch mit dem Typschiff »Iltis«. Abweichungen sind in der nebenstehenden Tabelle aufgeführt. Besonders ist die Änderung in der Bewaffnung zu erwähnen. Ab der »Tiger« wurden die Einheiten der »Iltis«-Klasse mit zwei 10,5-cm-Geschützen ausgerüstet. Die beiden ersten Boote waren noch mit vier 8,8-cm-Geschützen bestückt. Außerdem hatten die Kanonenboote ab der »Tiger« nur zehn wasserdichte Abteilungen.

Am 17. Juni 1900 trat das Kanonenboot »Tiger« die Ausreise nach Übersee an. Nahe der Küste von Französisch-Somaliland geriet es auf Grund und musste von herbeigerufenen Schleppern wieder flott gemacht werden. Die geringfügigen Schäden erlaubten aber den Weitermarsch. Sie wurden im September in Hongkong beseitigt. Am 22. Oktober 1900 traf die »Tiger« in Tsingtau ein.

Schiffstyp	Kanonenboot
Bauwerft	Kaiserliche Werft, Danzig
Stapellauf	15. August 1899
Indienststellung	3. April 1900
Verdrängung	1108 t
Länge x Breite x Tiefgang	65,20 x 9,10 x 3,74 m
Besatzungsstärke	130 Mann
Antrieb	2 x Dampfmaschine
Antriebsleistung	1372 PS
Wellen	2
Geschwindigkeit	14 kn
Fahrstrecke	2580 sm bei 9 kn
Bewaffnung	2 x 10,5-cm-Geschütz, 6 x 3,7-cm-Geschütz
Einsatz in Ostasien	Ostasiatisches Kreuzergeschwader: September 1900 bis Oktober 1914

Das Kanonenboot »Tiger« war die erste Einheit der »Iltis«-Klasse, die mit 10,5-cm-Geschützen ausgerüstet wurde. (Foto: Archiv Autor)

Vorne links ist ein Kanonenboot der »Iltis«-Klasse im Hafen von Tsingtau zu erkennen Bei dem Fahrzeug rechts handelt es sich um das Torpedoboot »S 90«. In der Bildmitte ist das Schwimmdock mit einem eingedockten Schiff zu sehen. (Foto: Bundesarchiv / Bild 146-1970-044-69 / CC-BY-SA 3.0)

Anschließend war sie bis Februar 1901 im Gelben Meer und den dortigen Küstenorten eingesetzt. Danach übernahm die »Tiger« die Station am Jangtsekiang-Fluss und war im Dezember in Nagasaki.

Anfang 1902 besuchte das Kanonenboot mit dem Geschwaderchef, Vizeadmiral Bendemann, Bangkok und war danach wieder auf Station im Südchinesischen Meer. Der Stationsdienst vor der chinesischen Küste setzte sich in den Folgejahren fort.

In den Jahren 1907 und 1909 besuchte das Kanonenboot zusammen mit dem Großen Kreuzer »Fürst Bismarck« indonesische Gewässer. Danach wieder der übliche Stationsdienst. Im Oktober 1911 stand die »Tiger« bereit für einen Einsatz anlässlich der Unruhen in China. Anfang November war sie wieder in Tsingtau. Abermals folgte der Routinedienst im Stationsgebiet und über den Jahreswechsel 1912/1913 eine Grundreparatur in Tsingtau. Anschließend kreuzte die »Tiger« in den angestammten Seegebieten.

Ab Januar 1914 dann gemeinsam mit dem Großen Kreuzer »Scharnhorst« eine Reise in den Süden nach Indonesien, Bangkok und die Philippinen. Im Juli war das Kanonenboot wieder zurück in Tsingtau.

Angesichts der Krisensituation in Europa erfolgte kein weiterer Einsatz der »Tiger« in ihrem Stationsgebiet. Vielmehr musste das Kanonenboot Besatzung und Geschütze an den in Tsingtau in der Ausrüstung befindlichen Hilfskreuzer »Prinz Eitel Friedrich« abgeben. Die »Tiger« wurde am 1. August 1914 außer Dienst gestellt. Kurz vor dem japanischen Sturmangriff auf die Festung Tsingtau wurde das Kanonenboot am 29. Oktober im Innenhafen gesprengt und versenkt.

Flusskanonenboot »Tsingtau«

Um deutsche Wirtschaftsinteressen zu schützen, war auf den chinesischen Flüssen der Einsatz von Flusskanonenbooten notwendig. Das Befahren dieser Wasserstraßen war für ausländische Kriegsschiffe vertraglich geregelt. Da das bereits in Dienst stehende Flusskanonenboot »Schamien« den Anforderungen nicht genügte, wurden bei der Schichau Werft in Elbing zwei Flusskanonenboote, die »Tsingtau« und das Schwesterboot »Vaterland«, in Auftrag gegeben.
Die »Tsingtau« lief am 18. April 1903 vom Stapel. Nach Abschluss der Erprobungen wurde das Flusskanonenboot wieder zerlegt, nach Hongkong verschifft und dort auf einer Privatwerft erneut zusammengebaut. Am 3. Februar 1904 erfolgte die Indienststellung mit einer gemischten deutsch-chinesischen Besatzung.
Das Flusskanonenboot »Tsingtau« bestand aus neun Stahlpontons, die durch Schraubbolzen verbunden waren. Es verdrängte 280 Tonnen und hatte eine Länge von 50,10 Meter. Zwei Dreizylinder-Dreifach-Expansionsdampfmaschinen von insgesamt 1300 PS wirkten auf zwei Wellen und verliehen dem Boot eine Geschwindigkeit von 13 Knoten. Je ein 8,8-cm- und 5-cm-Geschütz bildeten die Bewaffnung.
Das Einsatzgebiet des Flusskanonenbootes »Tsingtau« er-

Schiffstyp	Flusskanonenboot
Bauwerft	Schichau Werft, Elbing
Stapellauf	18. April 1903
Indienststellung	3. Februar 1904
Verdrängung	280 t
Länge x Breite x Tiefgang	50,10 x 8,00 x 0,94 m
Besatzungsstärke	47 + 9 Mann
Antrieb	2 x Dampfmaschine
Antriebsleistung	1300 PS
Wellen	2
Geschwindigkeit	13 kn
Fahrstrecke	1630 sm bei 9 kn
Bewaffnung	1 x 8,8-cm-Geschütz, 1 x 5-cm-Geschütz
Einsatz in Ostasien	Ostasiatisches Kreuzergeschwader: Februar 1904 bis August 1914

Flusskanonenboot »Tsingtau«. (Foto: Archiv Autor)

Flusskanonenboot »Tsingtau«. (Foto: Bibliothek für Zeitgeschichte)

streckte sich auf den Hsikiang-Fluss, das Kanton-Flussgebiet einschließlich Hongkong und Macao. Bei den üblichen Flussfahrten gab es, abgesehen von einer Hilfeleistung bei einem Großbrand in Macao und vom gelegentlichen Vorgehen gegen Piraten, kaum besondere Ereignisse.

Nach Ausbruch des Ersten Weltkriegs stellte die »Tsingtau« am 2. August 1914 in Kanton außer Dienst und wurde aufgelegt. Bis auf einen kleinen Rest verließ die Besatzung das Schiff. Eine Gruppe erreichte auf dem Landweg Tsingtau und wurde dort auf den Hilfskreuzer »Cormoran« kommandiert. Ein anderer Teil versuchte nach Manila durchzukommen, wurde aber von den Niederländern interniert. Das Flusskanonenboot selbst wurde beim Kriegseintritt von China am 21. März 1917 von der immer noch an Bord befindlichen Restbesatzung selbst versenkt.

Flusskanonenboot »Vaterland«

Das Flusskanonenboot »Vaterland« ist ein Schwesterboot zu der »Tsingtau«. Auf der Schichau Werft in Elbing lief es am 26. August 1903 vom Stapel. Nach Abschluss der Erprobungen wurde das Flusskanonenboot wieder zerlegt, nach Schanghai verschifft und dort erneut zusammengebaut. Das Flusskanonenboot war eine Stiftung des Hauptverbandes deutscher Flottenvereine im Ausland. Am 28. Mai 1904 erfolgte die Indienststellung mit einer gemischten deutsch-chinesischen Besatzung. Der deutsche Anteil rekrutierte sich aus der Besatzung des Kleinen Kreuzers »Sperber«.

Die schiffbauliche und die technische Auslegung sowie die Bewaffnung der »Vaterland« waren identisch mit derjenigen des Schwesterbootes »Tsingtau«.

Nach ihrer Indienststellung übernahm die »Vaterland« die vorgesehene Station auf dem Jangtsekiang. Gelegentlich wurde Schanghai angelaufen; unter anderem auch zu Überholungs- und Wartungsarbeiten. Zusammenarbeit gab es von Fall zu Fall mit den Flusskanonenbooten »Vorwärts« und »Otter«. Ansonsten gibt es, von dem Einsatz bei ab und zu aufflackernden lokalen Unruhen einmal abgesehen, nichts Erwähnenswertes. Im Jahre 1911 war die »Vaterland« häufig bei der Abwehr und Bekämpfung von Unruhen beaufschlagt.

Schiffstyp	Flusskanonenboot
Bauwerft	Schichau Werft, Elbing
Stapellauf	26. August 1903
Indienststellung	28. Mai 1904
Verdrängung	280 t
Länge x Breite x Tiefgang	50,10 x 8,00 x 0,94 m
Besatzungsstärke	47 + 9 Mann
Antrieb	2 x Dampfmaschine
Antriebsleistung	1300 PS
Wellen	2
Geschwindigkeit	13 kn
Fahrstrecke	1630 sm bei 9 kn
Bewaffnung	1 x 8,8-cm-Geschütz, 1 x 5-cm-Geschütz
Einsatz in Ostasien	Ostasiatisches Kreuzergeschwader: Mai 1904 bis August 1914

Das Flusskanonenboot »Vaterland« (vorne) und das Kanonenboot »Iltis«. (Foto: Deutscher Marinebund)

Flusskanonenboot »Vaterland«. (Fotos: Deutscher Marinebund)

Danach wurde es für die nächsten Jahre wieder ruhig um das Boot, das weiterhin seine Patrouillenfahrten durchführte. Beim Ausbruch des Ersten Weltkriegs reiste das Gros der Besatzung über Land nach Tsingtau und wurde auf den Hilfskreuzer »Cormoran« kommandiert. Die Restbesatzung legte das Flusskanonenboot »Vaterland« in Nanking auf. Um das Boot vor dem Zugriff durch den Gegner zu schützen, erfolgte ein Scheinverkauf an eine deutsche Firma und die Namensänderung in »Landesvater«.

Nach dem Kriegseintritt Chinas wurde das Flusskanonenboot am 20. März 1917 beschlagnahmt und als »Li-Sui« in die Chinesische Marine eingereiht. Im Jahre 1932 wechselte es zur Marine von Mandschuko und erhielt den Namen »Risui«. Zehn Jahre später stellte das Boot außer Dienst. Der Verbleib ist unbekannt. Vermutlich wurde das ehemalige Flusskanonenboot »Vaterland« abgewrackt.

Flusskanonenboot »Vorwärts«

Schiffstyp	Flusskanonenboot
Bauwerft	Farnham, Boyd & Co., Schanghai, China
Stapellauf	1899
Indienststellung	19. März 1901
Verdrängung	406 t
Länge x Breite x Tiefgang	47,00 x 7,50 x 2,20 m
Besatzungsstärke	33 + 3 Mann
Antrieb	2 x Dampfmaschine
Antriebsleistung	500 PS
Wellen	2
Geschwindigkeit	11 kn
Fahrstrecke	unbekannt
Bewaffnung	2 x 5-cm-Geschütz
Einsatz in Ostasien	Ostasiatisches Kreuzergeschwader: März 1901 bis März 1910

Die Unruhen in China um die Jahrhundertwende veranlassten die Kaiserliche Marine für die Überwachung der chinesischen Flüsse Schiffe anzukaufen, um den Schutz und gegebenenfalls den Abtransport deutscher Staatsbürger sicherstellen zu können. Neben dem Flusskanonenboot »Schamien« gehörte auch das Flusskanonenboot »Vorwärts« zu diesen Einheiten. Entstanden ist das Schiff als Passagierflussdampfer »Wuchow« bei Farnham, Boyd & Co., in Schanghai. Es lief 1899 für die Canton & Macao-Steamboat Co. Ltd. vom Stapel.

Im Sommer 1900 wurde das Schiff von der Kaiserlichen Marine gechartert und als Truppentransporter verwendet. Am 11. März 1901 kam dann ein Kaufvertrag zustande. In Tsingtau erfolgte anschließend der notwendige Umbau und am 19. März stellte die »Vorwärts« in Dienst. Die 33-köpfige Besatzung wurde durch das Torpedoboot »Taku« gestellt. Drei chinesische Hilfskräfte waren zusätzlich an Bord.

Das Flusskanonenboot »Vorwärts« verdrängte bei 47,00 Meter Länge 406 Tonnen. Der Antrieb erfolgte durch zwei Zweizylinder-Zweifach-Expansionsdampfmaschinen von zusammen 500 PS. Das Schiff besaß zwei Wellen und erreichte eine Geschwindigkeit von elf Knoten. An Bewaffnung befanden sich zwei 5-cm-Geschütze an Bord.

Nach seiner Indienststellung wurde das Flusskanonenboot »Vorwärts« als Stationär auf dem Jangtsekiang eingesetzt. In den folgenden Jahren bereiste es seinen Patrouillenbereich ohne nennenswerte Vorkommnisse. Zu Überholungen verlegte die »Vorwärts« gelegentlich nach Schanghai oder Tsingtau. Weiterhin kam es von Fall zu Fall zur Zusammenarbeit mit dem Flusskanonenboot »Vaterland«.

Am 31. März 1910 wurde die »Vorwärts« in Schanghai außer Dienst gestellt und am 18. Juni aus der Liste der Kriegsschiffe gestrichen. Eine chinesische Firma erwarb das Schiff und verwendete es wieder als Passagierflussdampfer.

Flusskanonenboot »Vorwärts«. (Foto: Archiv Autor)

Linienschiff »Weißenburg«

Das Linienschiff »Weißenburg« war die dritte von vier Einheiten der »Brandenburg«-Klasse (siehe Kapitel »Brandenburg«). Der Bau des Linienschiffes erfolgte bei der A.G. Vulcan in Stettin. Am 14. Dezember 1891 lief das Linienschiff vom Stapel und stellte am 14. Oktober 1894 in Dienst. Die Namensgebung geht zurück auf eine Stadt im Elsass, das damals zum Deutschen Reich gehörte.

Die schiffbauliche und technische Auslegung sowie die Bewaffnung des Linienschiffes sind im Kapitel zur »Brandenburg« behandelt. Mit 10.103 PS hatte es jedoch eine größere Maschinenleistung als dort angegeben.

Das Linienschiff »Weißenburg« nahm nach seiner Indienststellung an den üblichen Ausbildungs- und Manövervorhaben der Kaiserlichen Marine teil. Vom August 1900 bis Juni 1901 waren das Schiff und seine drei Schwesterschiffe in Ostasien im Rahmen der internationalen Aktivitäten während des Boxeraufstandes eingesetzt.

Die »Weißenburg« nahm an der Blockade der Jangtsekiang-Mündung teil und beteiligte sich an Aktionen im Gelben Meer. Vom 6. Dezember 1900 bis zum 3. Januar 1901 absolvierte das Schiff einen Werftaufenthalt in Hongkong. Anschließend verlegte die »Weißenburg« nach Tsingtau. Dort führte sie Schießübungen durch. Im März und April 1901 folgten wieder Einsätze im Seegebiet vor der Jangtsekiang-Mündung. Am 1. Juni trat das Schiff mit den drei Schwesterschiffen den Rückmarsch nach Deutschland an. Der Verband lief am 11. August in Wilhelmshaven ein.

In den Jahren von 1901 bis 1905 kam es zum Umbau der vier Linienschiffe auf der Kaiserlichen Werft in Wilhelmshaven (siehe Kapitel »Brandenburg«). Nach dem Umbau waren die Einheiten wieder im Flottendienst aktiv, aber auch häufig in Reserve.

Genau wie das Schwesterschiff »Kurfürst Friedrich Wilhelm« kam es im Sommer auch für die »Weißenburg« zum Verkauf an die Türkei. Am 31. Juli 1910 wurde sie aus der Liste der Kriegsschiffe gestrichen. Als »Torgut Reis« wurde das am 1. September 1910 offiziell übergebene Linienschiff in die osmanische Flotte eingegliedert. Den Ersten Weltkrieg überstand die »»Torgut Reis« unbeschadet. Ab 1924 wurde sie als Schulschiff verwendet, wurde später zum Schulhulk umfunktioniert und dann im Jahre 1938 abgebrochen.

Das Linienschiff »Weißenburg« lief am 14. Dezember 1891 bei der A.G. Vulcan in Stettin vom Stapel. (Foto: Archiv Autor)

Das Linienschiff »Weißenburg« nach seiner Fertigstellung im Sommer 1894. (Foto: Archiv Autor)

Linienschiff »Weißenburg«. (Foto: Deutscher Marinebund)

Linienschiff »Wörth«

Das Linienschiff »Wörth« war die vierte und letzte Einheit der »Brandenburg«-Klasse (siehe Kapitel »Brandenburg«). Entstanden ist das Schiff auf der Germaniawerft in Kiel. Es lief am 6. August 1892 vom Stapel und stellte am 31. Oktober 1893 in Dienst. Die Namensgebung geht zurück auf eine Stadt im Elsass, das damals zum Deutschen Reich gehörte. Die schiffbauliche und technische Auslegung sowie die Bewaffnung des Linienschiffes sind im Kapitel zur »Brandenburg« behandelt. Mit 10.228 PS hatte die »Wörth« die höchste Maschinenleistung der vier Einheiten der »Brandenburg«-Klasse und erreichte damit eine Geschwindigkeit von 16,9 Knoten.

Das Linienschiff »Wörth« nahm nach seiner Indienststellung an den üblichen Ausbildungs- und Manövervorhaben der Kaiserlichen Marine teil. Vom August 1900 bis Juni 1901 waren das Schiff und seine drei Schwesterschiffe in Ostasien im Rahmen der internationalen Aktivitäten während des Boxeraufstandes eingesetzt.

Ende August 1900 traf die »Wörth« in Hongkong ein und dampfte dann weiter nach Tsingtau. Anfang September sicherte sie auf Taku-Reede das Ausschiffen des deutschen Ostasiatischen Expeditionskorps und verlegte anschließend wieder zurück nach Tsingtau. Ab Ende Oktober nahm das Linienschiff an der Blockade der Jangtsekiang-Mündung teil. Vom 30. November bis Ende Dezember wurde in Nagasaki eine Überholung des Schiffes durchgeführt. Über Tsingtau verlegte das Schiff auf die Reede von Wusung und lief Mitte

Linienschiff »Wörth«. (Foto: Archiv Autor)

Linienschiff »Wörth«. (Foto: Archiv Autor)

Februar zum Besatzungswechsel sowie zu Schieß- und Verbandsübungen wieder nach Tsingtau. Im April/Mai hielt sich die »Wörth« in Schanghai auf. Von hier trat sie mit den drei Schwesterschiffen am 1. Juni 1901 den Rückmarsch nach Deutschland an. Der Verband lief am 11. August in Wilhelmshaven ein.

In den Jahren von 1901 bis 1905 kam es zum Umbau der vier Linienschiffe auf der Kaiserlichen Werft in Wilhelmshaven (siehe Kapitel »Brandenburg«). Nach dem Umbau waren die Einheiten wieder im Flottendienst aktiv, aber auch häufig in Reserve.

Nach Kriegsbeginn wurde das mittlerweile schon recht betagte und veraltete Linienschiff wieder reaktiviert und im Küstenschutz in der Nordsee eingesetzt. Am 18. März 1916 stellte es außer Dienst, verblieb aber bis zum Kriegsende als Wohnschiff in der weiteren Nutzung. Die Streichung aus der Liste der Kriegsschiffe erfolgte am 13. Mai 1919. Danach wurde die »Wörth« zum Abbruch verkauft.

Linienschiff »Wörth«.
(Foto: Arthur Renard)

Anhang

Verbandszugehörigkeit zum Ostasiatischen Kreuzergeschwader sowie zur Asiatischen und Australischen Station von 1897 bis 1914

Name	Typ	1897	1898	1899	1900	1901	1902	1903	1904	1905
»Arcona«	Krz.Korv.	x	xxxx	x						
»Arcona«	Kl.Krz.									
»Brandenburg«	L.Sch.				xx	xx				
»Bussard«	Kl.Krz.	xxxx	xxxx		xx	xxxx	xxxx	xxxx	xx	
»Condor«	Kl.Krz.							xxx	xxxx	xxxx
»Cormoran«	Kl.Krz.	x	xxxx	xxxx	xxxx	xxxx	xxxx	xx		
»Cormoran«	H.Krz.									
»Deutschland«	Gr.Krz.		xxx	xxxx	x					
»Dresden«	Kl.Krz.									
»Emden«	Kl.Krz.									
»Falke«	Kl.Krz.	xxxx	xxxx	xxx						
»Fürst Bismarck«	Gr.Krz.				xx	xxxx	xxxx	xxxx	xxxx	xxxx
»Gazelle«	Kl.Krz.					x	xxxx			
»Gefion«	Kl.Krz.		xxx	xxxx	xxxx	xx				
»Geier«	Kl.Krz.				xx	xxxx	xxxx	xxxx	xxxx	x
»Gera«	Laz.Sch.				x	xx				
»Gneisenau«	Gr.Krz.									
»Hansa«	Gr.Krz.			x	xxxx	xxxx	xxxx	xxxx	xxxx	xxxx
»Hela«	Kl.Krz.				xx	xx				

Name	Typ	1906	1907	1908	1909	1910	1911	1912	1913	1914
»Arcona«	Krz.Korv.									
»Arcona«	Kl.Krz.		x	xxxx	xxxx	x				
»Brandenburg«	L.Sch.									
»Bussard«	Kl.Krz.									
»Condor«	Kl.Krz.	xxxx	xxxx	xxxx	xxxx	xxxx	xxxx	xxxx	xxxx	
»Cormoran«	Kl.Krz.				xx	xxxx	xxxx	xxxx	xxxx	xxx
»Cormoran«	H.Krz.									xx
»Deutschland«	Gr.Krz.									
»Dresden«	Kl.Krz.									x
»Emden«	Kl.Krz.					xx	xxxx	xxxx	xxxx	xxx
»Falke«	Kl.Krz.									
»Fürst Bismarck«	Gr.Krz.	xxxx	xxxx	xxxx	xx					
»Gazelle«	Kl.Krz.									
»Gefion«	Kl.Krz.									
»Geier«	Kl.Krz.									
»Gera«	Laz.Sch.									
»Gneisenau«	Gr.Krz.						xxxx	xxxx	xxxx	xxxx
»Hansa«	Gr.Krz.	xxx								
»Hela«	Kl.Krz.									

Links: Der Große Kreuzer »Hansa« im Aussehen vor dem Umbau. (Foto: Archiv Autor)

Die Gemäldedarstellung des Malers William Lionel Wyllie zeigt den Untergang des Kleinen Kreuzers »Leipzig« in der Seeschlacht bei den Falkland-Inseln. (Foto: William Lionel Wyllie)

Name	Typ	1897	1898	1899	1900	1901	1902	1903	1904	1905
»Hertha«	Gr.Krz.			xxx	xxxx	xxxx	xxxx	xxxx	xxxx	
»Iltis«	K.Bt			xxx	xxxx	xxxx	xxxx	xxxx	xxxx	xxxx
»Irene«	Kl.Krz.	x	xxxx	xxxx	xxxx	xx				
»Jaguar«	K.Bt			xx	xxxx	xxxx	xxxx	xxxx	xxxx	xxxx
»Kaiser«	Gr.Krz.	x	xxxx	xx						
»Kaiserin Augusta«	Gr.Krz.	x	xxxx	xxxx	xxxx	xxxx	x			
»Kurf. Friedr. Wilh.«	L.Sch.				xx	xx				
»Lauting«	Tender									
»Leipzig«	Kl.Krz.									
»Luchs«	K.Bt				xx	xxxx	xxxx	xxxx	xxxx	xxxx
»Niobe«	Kl.Krz.									
»Nürnberg«	Kl.Krz.									
»Otter«	Fl.K.Bt.									
»Planet«	Verm.Sch.									
»Prinz Eitel Friedr.«	H.Krz.									
»Prinzess Wilhelm«	Kl.Krz.	x	xxxx	xx						
»S 90«	T.Bt.				x	xxxx	xxxx	xxxx	xxxx	xxxx
»S 91«	T.Bt.				x	xxxx	x			
»S 92«	T.Bt.				x	xxxx	x			
»Schamien«	Fl.K.Bt.				x	xxxx	xxxx	xxxx	x	
»Scharnhorst«	Gr.Krz.									
»Schwalbe«	Kl.Krz.				xx	xxxx	xxx			
»Seeadler«	Kl.Krz.			x	xxxx	xxxx	xxxx	xxxx	xxxx	xx
»Sperber«	Kl.Krz.							x	xxxx	xx
»Taku«	T.Bt.						xx	xxxx	xxxx	xxxx
»Thetis«	Kl.Krz.						xxxx	xxxx	xxxx	xxxx
»Tiger«	K.Bt				xx	xxxx	xxxx	xxxx	xxxx	xxxx
»Tsingtau«	Fl.K.Bt.								xxxx	xxxx
»Vaterland«	Fl.K.Bt.								xxx	xxxx
»Vorwärts«	Fl.K.Bt.					xxxx	xxxx	xxxx	xxxx	xxxx
»Weißenburg«	L.Sch.				xx	xx				
»Wörth«	L.Sch.				xx	xx				

Name	Typ	1906	1907	1908	1909	1910	1911	1912	1913	1914
»Hertha«	Gr.Krz.									
»Iltis«	K.Bt	xxxx	xxxx	xxxx	xxxx	xxxx	xxxx	xxxx	xxxx	xxx
»Irene«	Kl.Krz.									
»Jaguar«	K.Bt	xxxx	xxxx	xxxx	xxxx	xxxx	xxxx	xxxx	xxxx	xxxx
»Kaiser«	Gr.Krz.									
»Kaiserin Augusta«	Gr.Krz.									
»Kurf. Friedr. Wilh.«	L.Sch.									
»Lauting«	Tender		xxxx	xxxx	xxxx	xxxx	xxxx	xxxx	xxxx	xxx
»Leipzig«	Kl.Krz.		xxxx	xxxx	xxxx	xxxx	xxxx	xxxx	xxxx	xxxx
»Luchs«	K.Bt	xxxx	xxxx	xxxx	xxxx	xxxx	xxxx	xxxx	xxxx	xxx
»Niobe«	Kl.Krz.	xx	xxxx	xxxx	x					
»Nürnberg«	Kl.Krz.					xxx	xxxx	xxxx	xxxx	xxxx
»Otter«	Fl.K.Bt.					xxx	xxxx	xxxx	xxxx	xxx
»Planet«	Verm.Sch.	x	xxxx	xxxx	xxxx	xxxx	xxxx	xxxx	xxxx	xxx
»Prinz Eitel Friedr.«	H.Krz.									xx
»Prinzess Wilhelm«	Kl.Krz.									
»S 90«	T.Bt.	xxxx	xxxx	xxxx	xxxx	xxxx	xxxx	xxxx	xxxx	xxxx
»S 91«	T.Bt.									
»S 92«	T.Bt.									
»Schamien«	Fl.K.Bt.									
»Scharnhorst«	Gr.Krz.				xxx	xxxx	xxxx	xxxx	xxxx	xxxx
»Schwalbe«	Kl.Krz.									
»Seeadler«	Kl.Krz.									
»Sperber«	Kl.Krz.									
»Taku«	T.Bt.	xxxx	xxxx	xxxx	xxxx	xxxx	xxxx	xxxx	xxxx	xx
»Thetis«	Kl.Krz.	x								
»Tiger«	K.Bt	xxxx	xxxx	xxxx	xxxx	xxxx	xxxx	xxxx	xxxx	xxxx
»Tsingtau«	Fl.K.Bt.	xxxx	xxxx	xxxx	xxxx	xxxx	xxxx	xxxx	xxxx	xxx
»Vaterland«	Fl.K.Bt.	xxxx	xxxx	xxxx	xxxx	xxxx	xxxx	xxxx	xxxx	xxx
»Vorwärts«	Fl.K.Bt.	xxxx	xxxx	xxxx	xxxx	x				
»Weißenburg«	L.Sch.									
»Wörth«	L.Sch.									

WEITERE INTERESSANTE BÜCHER ZUM THEMA

Dieser Band geht auf alle U-Boot-Stützpunkte und Bunkeranlagen in Deutschland, Frankreich und Norwegen ein, zeigt deren strategische Bedeutung und erklärt, wie und warum diese Anlagen gebaut wurden.

352 Seiten, 420 Abb., 230 x 265 mm
ISBN 978-3-613-04335-0
€ 29,90 / € (A) 30,80

Jak P. Mallmann-Showell gibt einen Überblick der Kriegsmarine im Zweiten Weltkrieg: Schlacht-und Panzerschiffe, Zerstörer und Torpedoboote werden mit technischen Daten, Fakten und Bildern beschrieben.

160 Seiten, 160 Abb., 230 x 265 mm
ISBN 978-3-613-04151-6
€ 19,95 / € (A) 20,60

Ingo Bauernfeind beschreibt detailliert und mit großer Sachkenntnis sämtliche im Zweiten Weltkrieg eingesetzten japanischen Schlachtschiff-Klassen von der Fuso- bis zur Yamato-Klasse.

144 Seiten, 170 Abb., 230 x 265 mm
ISBN 978-3-613-04149-3
€ 19,95 / € (A) 20,60

Die Kriegsschiffe, Schlachtschiffe, Panzerkreuzer, Kreuzer, Zerstörer, Torpedoboote und Unterseeboote der Seemacht Österreich-Ungarn im Ersten Weltkrieg sowie deren Verbleib detailliert beschrieben.

144 Seiten, 235 Abb., 210 x 280 mm
ISBN 978-3-613-04281-0
€ 19,95 / € (A) 20,60

Leseproben zu allen Titeln auf unserer Internetseite

Stand Mai 2021
Änderungen in Preis und Lieferfähigkeit vorbehalten.

Überall, wo es Bücher gibt, oder unter
WWW.MOTORBUCH-VERSAND.DE
Service-Hotline: 0711 / 78 99 21 51

www.facebook.com/MotorbuchVerlag